土と光の讃歌

耕す汗こそ美しい

京都土の塾 編

京都通信社

生命[いのち]の食

食べるということは本来、壮絶な命のやり取り。
ひとつの命は別の命に取り込まれ、
活かされ、糧となり、生命の歴史を綴っていく。
それが自然の掟。
無駄な殺生などない真摯な闘い・命をかけた支え合い。
それが自然の愛・・・だから食べ物は有り難い。
今ある命は私だけのものではない。
必死に生きた貴い命の集積。農とは命の糧を得るための活動、ひとの知恵。

五感を百パーセント働かせて、
食べるために、鍬一本で自ら土を耕し、
額に汗して害虫や雑草、日照りや寒波と闘いながら、
そして、同時に多くの生命に助けられながら、
作物を守り、やっと実りを迎え、貴く有り難い命の糧をいただく。
それが農。

自力・素手で得られる収穫には余剰はない。
この一連の作業と時を経て、始めて本来の食が実感できる。
農は生命のドラマ、生きる証。
農を通じて、この地球の中で「生かされて生きる」ということの
意味やすばらしさを体の芯が実感する。

現代の日本人がほとんど知らない、
いや知ろうとしない他の命たちのことを
身近なものとして感じ・・・・
「共生」を知る。

2000年12月

20年ぶり、大原野の荒廃田が目をさます
鹿さん、狐さん、猪さん、ごめんなさい！
荒廃田人力開墾プロジェクト

宣言

我々は、今、京都大原野の荒廃田に斧をいれ、
力を合わせ、素手でこの荒れ地を、
再び美しい農地にしようと決意した。

飽食の時代、野菜や果物は、一年中出回って季節感を失い、
旬という言葉は虚ろに響く。
大量生産 －大量消費 － 大量廃棄される食物は
今や食物としての尊厳を失っている。

"食" は、必死に闘って獲得するものだ。
人工の力によって安易に得てきた "食" の在り方が、
今、我々の生き方や環境を、大きく歪めている。

土に触れ、土の力を知り、その土で作物を作り、
その作物を味わうことこそ、
まさに人間が、自然界の生き物として、真に生きることだ。

獣たちよ！
我々は今まで勝手なことをしてきた。だが、我々は目覚めた。
これから、お前たちと共生する暮らしに戻ることを許しておくれ。

仲間たちよ！
大地に根づこう！ 自然界の生き物として、
生かされて生きる喜びを味わおう！

ここに宣言する。
今、『京都土の塾』の旗の下に集う我々は、
先人たちが拓いた荒廃田を蘇らせるため、
今日これから開墾を開始する。

2001年10月28日
京都 土の塾
荒廃田人力開墾プロジェクト

「京都 土の塾」の規範

八田逸三　（京都 土の塾 塾長）

　規範とはいうが、とくに明文化したものではない。一人ひとりが主体性をもとに率先して考え、行動することを尊重する土の塾に、固定的な概念を設定することはふさわしくないと考えるからである。塾生にはせいぜい、「こんな気持ちで過ごしてほしい」、「こういうことを目指して、納得のうえで参加してほしい」という程度の指針として理解していただきたい。

1. 保険ゼロの自己責任 ──自分で自分を生ききる
　塾の活動には一切の保険をかけていません。すべて自己責任で、自分で自分を生ききる行動・実践を期待しています。

2. 素（裸）の個人 ──老若男女の区別なし背景不問で生きる
　塾生は一個の生命。この地で多くの生命に囲まれ、他生物とも対等・共生・継続を根底に、真摯に生きてください。

3. 晴雨を問わず ──自然の摂理に従う
　自然に休みなし。雨を待っている生き物も、陽ざしを待つ植物もいます。365日、24時間、塾は開講しています。

4. 自然・風土の保全 ──持ち込まず・持ち出さず
　自然は生かし、生ききる場。いたずらに変質・破壊はしない。作物を労働と引き換えにいただくのは是。

5. 楽・便利・効率を求めず ──自然には裸でむきあう
　楽・便利は、敵であり悪。化石燃料、化学物質、人工資材、機械の使用は禁。農薬・化学肥料は安全が問題でなく、楽の追求だから禁。

6. 自作-自消 ──他力に頼る快楽を否定し、野生を取り戻す
　自らの生命は自ら養う。自分で作った作物を自分で消費すると学ぶことがあります。他の生命をいただくことへの感謝と自身の生命の価値の自覚。

7. 食べ物は食べきる ──自然の恵みを無駄にしない
　作物は自然からの贈り物。食べきれないもの、吸収できないものは、心をこめて他者に。

8. 土に立って学ぶ ──師は大地と自然
　自然の摂理を熟視することで、多くの生命の存在を感じ、その多様性を知る。自然にどう向きあうかの先生は自然。

9. ボランティア精神 ──生かされているお返し
　自らできることは自らの手でやる。行動を起こすのは、自分のためか、奉仕のためにか。達成感が教えてくれます。

生命の夢想──生きる謳歌

荒地に豆を作る
放っておかれる土地があふれている。
「ここに何かを作ってもいいですか」と勉強疲れの受験生。
「いいよ、いくらでも」と、私。
半年後、彼女が話しかけてきた。
「友達を誘ってもいいですか」、「もちろんいいよ」と、私。
彼女の話、「半年前から荒地に挑戦し、拓き、大豆を播いて枝
豆を湯がいて食べた。ほんとに美味しかった！」、「私は生き
ていける、生きていける」。心がぱっと明るくなった。
有名校を目指す受験勉強、日夜机に向いながら、落ちた時の
自分の姿に、何もない、そこには自死すら見える。その時、土
との出会いがあった。土は彼女に生命の場を示した。平安の
場を発見した。その後、彼女は焦ることなく学び、医学部入
学を果たした。級友にも、そんな世界を知らせたかったのだ。

宿る (写真集『土の塾』より)
道はほとんど登りである。ペダルが重い。もう少しだ。
畑仕事の前に疲れてしまう。
でも畑には、私の植え付けを待っている苗がいる。
備中鍬を振り下ろす。汗、汗。
夕立だ。汗の背中をたたく雨。心地いい。
雨が里芋の葉でコロコロと遊ぶ。葉芯に大きな水銀の玉。
どんどん大きくなる水銀君。「重いよ」とヨタヨタ葉っぱ。

おりからの風。水銀君、ザザッと私の太ももを直撃する。
久しぶりの夕立に喜ぶ生命たち、私もうれしい。
往きはしんどい、帰りは軽い。
今日もいっぱい見たな。感じたな。
夕餉のテーブルで夫はいう。「君は今夜元気だね。
いい顔してるね」。夫も畑の私がうれしそう。
子どもを授かってしまった。困っているわけではない。
ただ予定していなかっただけだ。
この子がもの心つくまで、この国にいられるかな……。
　　　　　　　　　　　　　──フランス人の若夫婦である。

塾の産物はうまい
大多数が「うまい」と評価する。うまい理由、
①自分が作った ──待ちに待った自分の食べ物
②共生の産物 ──戦い、助けあった生命の味
③風土の味 ──私も生きる共通の基盤 (空気・水・土)
④選ばれた旬 (播き旬・育ち旬・穫り旬・食べ旬)

甘い大根・苦い大根

「塾の大根はうまい・文句なしにうまい」。
なのに、「うまくない、苦い」という塾生がいる。
彼は百姓の生まれ、子供時代に畑を手伝わされている。
畑は嫌いだった。今は自発的に参加した塾生である。
仕事は早く、上手い、いいものも作る。
ただ、大根の収穫作業は、彼には少しも嬉しい作業ではない。
「穫ってきて」と云われたから抜くが、いやいやの動作。
大根への感謝はない。横を向きながらひねり抜く。
そんな扱いをされた大根である。
食べる舌に歓迎されたくないと苦味をつける、まずくする。
大根も共生する生き物、喜ばれて食べられたい。

まむし谷

塾は、中山間地の棚田である。
昔から、まむし谷とよばれたとか。子連れの塾生が、地元の
親切な老人から強い警告をいただいた。おかげで20年間、多
くの老若男女・幼児が過ごしたが、大きな事故はない。
塾長の警告。草むらを進むときは「行きますよ〜」、
「またお邪魔します〜」と前触れをしながら進みなさい。
草刈りでは、追い詰めない。「のいて下さい〜」と。
それでも、まむしは図太い。時に居座ることもある。
彼は毒を持っている。過信する。しかも、鈍である。
人間の手は殺すに十分である。
まむしは毒を持っていることで殺されていく。

真の防衛力とは何か！

土の塾は、必要以上の殺戮は好まないが、
危険要因は排除せねばならぬ。

まむしの毒、ブユの毒の解毒

まむしに噛まれた噛み口に、「ミミズ」をこすりつける。
大きなミミズが細く細く変じ、
人間の体内のマムシ毒を吸い出す。
毒は消せたか？
ブユに刺され、ほっておくと酷いことになる体質も多い。
ヘビイチゴのアルコール漬を傷口に塗布すると解消である。
「生物の多様性」の価値・意味。
私は、今存在する全ての生命が何らか関係しあって
生物界は持続すると考え、「共生」を支持している。

素手

農作業全般に機械を使わない。
草刈り機、チェンソー、トラクターその他をである。
お金がいらないし、腹が減る。メシはうまい、肥満にならぬ、
汗をかく、怪我もしない、筋肉がつく、いいことずくめである。
それでも凡人の感想はとにかく「えらい」のである。
山で間伐し、里まで下ろし、手作りで小屋を建てる。
できてしまうのである。
「災害」で孤立しても私は生きていける。何でもない……。
「生きられる」確信に勝る平安はない。

猪の侵入を防ぐために、夜は
寝ずに火を燃やし続けた

井戸掘り

元塾生は山田を借り受け、体験農園を作ることになった。
休憩所、トイレ、給水施設、その他いろいろ必要だ。
資材はできるかぎり地元周辺で調達、
間伐も土取り等も勉強済みだ。
でも、井戸掘りは難題である。
どこに水脈があるか、水質、水量等、要件は厳しい。
塾で習った知識、「水脈を探る手法」。
まず候補地を決め、その地に陶器の茶碗を伏せる。
十数か所に古茶碗を伏せた。数日置き、茶碗を開け内壁の水
滴の多少を見る。多いほどその下に水脈のある可能性が高い。
水滴が一番多かった位置は、常識的には無理と思われる高地
であった。彼は信じてスコップで掘りすすめた。
その間、付近を通る地元農家が、
「そんなとこ掘って水が出るか！」とバカにした声援。
しかし、彼は茶碗話を信じた。
「とにかくやってみますわ」と、近所の声援の扱いを気にしつ
つ井戸掘り数日、4メートル下で水と出会った。
このこと以来、地元民の彼への風当たりはやさしく、
いろんな協力が次々得られている。
彼は見事に地元に受け入れられたのである。

土壁塗り、土蔵直し

元塾生の女性は、僻村の古農家を手に入れた、築100年の古家。
雨漏り、大隙間風と日曜大工の対象に事欠かぬ。その一つが、
土壁が大きく崩れている土蔵。使いたい。
彼女は町育ちのお嬢さん、たおやかな色白美人。
つるはし、スコップ姿は想像を超える。
その彼女がまず始めたのは、屋敷地隅の竹やぶからの青竹の
切り出し。ノコギリで倒し、ナタで割りさき、
小舞竹を作った。もらった稲わらで細縄をなった。
崩落激しい土壁をそぎ落とし、小舞竹と細縄で編み直した。
落とした土を集め、切りわらを加えて水を注ぎ、
素足でねって壁土を作り、それで補修した。
見ていた近所の村人が驚いた。竹切り、小舞竹つくり、縄ない、
竹小舞編み、そして白い素足での壁土ねりである。
村でもめったにない見ものである。
彼女の自作農は小規模。時間も余る。彼女の姿を伝え聞いた
地元の便利屋大工が「助手」として求め、応じた彼女は地下足
袋もんぺ姿で日雇い仕事をする。彼女は楽しげである。

はじめに

八田逸三 （京都 土の塾 塾長）

　「京都 土の塾」は満20歳となった。この間、多くの市民が入塾し、時を過ごし、在籍している。

　現代人の多くが馴染み難い、土の世界。これに自ら近づき、体感する。そのことが各人どう感じられ、何を残したのか。それを記したのが、この文集である。

　1945年からの飢餓の時代、それに続く社会の各般にわたる激変を経て、経済大国、飽食日本、そして少子高齢化社会への沈潜、鬱屈。

　2000年、戦後50数年のひたすらの歩み。それは反自然、離土時代への特化であり、人類一人勝ちを標榜するものだった。その世界に日本の、人類の未来はあるのか！

　土の塾は、人と土（自然）とを密着させ、そこに生まれる事象＝自然を世に問いかけるべく出発した。

　そして今、コロナの時代。土の塾の世界は全く別世界、平穏である。共生の農時間。伸びやかな生命の世界が繰り広げられる。

　一人勝ち組の暴力は、たえず自然をくすぐりつづける。自然は時々くしゃみせざるを得ず、地球環境は若干不穏である。今、選ばれるべき選択肢は何か。

　この文集は、「多様な生命の共生」に生命の躍動を見、美を発見している。イネも、キュウリも、ソバも、ススキもタンポポも、カラスもキジもシカもみな、生命輝いている。

　生命輝かない人間も、自然と共生することで美を獲得するのではないか。

　コロナ後は、美しい人間を選択することだ‼

2020年8月

もくじ

塾の仲間に食べさせたくて、
郷里の祝い餅「あくまき」を作る

収穫を祝う

野生の森の舞台

かぐや姫

大豊作！ハザかけも三階建てになった

土の塾 誕生秘話

「京都土の塾」開始当時の広場と農場

「大豆を作って豆腐を食おう会」からはじまった

高橋 武博

「大豆を作って豆腐を食おう会」から始まった京都 土の塾。今から20年前、八田塾長は京都市役所を退職されて2年後、丹波の日吉町胡麻で自然農法に取り組む農業法人の下で、土に生きる人生を全うしようと、実践修行されていました。

八田塾長は現役時代から、京都大学・福井県立大学名誉教授の祖田 修先生の「着土の思想」に共鳴し、心身ともに土から離れた暮らしを続ける人類に警鐘を鳴らしたいとのお考えでした。「土と共に生きることが、どれほど人と社会を豊かに、そして幸せにするかを、社会に身をもって訴えていきたい」ともおっしゃっていました。私にも、「いつか農業小学校を作りたい」なんてお話をよくされていました。

机上の空論ではなく、自ら身をもって土と共に生きる生涯を貫きたいとお考えになっての「農の隠遁生活」だったのだと思います。胡麻に行かれてからも、現役時代の八田塾長の人格と能力を高く買われた周囲の方々からは、いろいろなおいしいお話もあったようです。しかし、それを一切お断りになって隠遁生活を続けておられました。

「八ちゃんは頑固やから、誰が説得しに行っても京都には帰ってきてくれないわ」、なんて話もよく耳にしておりました。そんな話を聞いて私も、八田さんには京都に戻ってきていただきたいとの思いがいっそう強くなったのです。

いろいろな仕掛けを考え、だめで元々という思いで胡麻に参りました。

「今八田さんがされていることは、ご自分では立派なことのように勘違いされていますが、私から言わせれば、ただの自己満足の身勝手な行動です。現役時代に散々京都にお世話になりながら、一つの恩返しもせずに死んでいかれるのか。最後くらいは、京都のために何かをしてから死んでください。昔、二人で話していた農業小学校を京都で作ってください。大原野で少しの荒れ地を準備するので、そこから始めてほしい」なんてことを、ズケズケと申し上げて帰りました。

それから数日後、八田さんから連絡があり、「お前の話に乗ってやる」とのこと。私はビックリするやら嬉しいやら……。でも、お偉いさんの言うことよりも私の言うことを聞いてくださるなんてことはまずないだろう、そう思っていた私は、実は具体的な受け入れ態勢は何も考えていなかったのです。

慌てて、とりあえず思いついたのが、今の土の塾の広場あたりの小さな荒れ地を利用しての「大豆を作って豆腐を食おう会」だったのです。土の塾はここから始まりました。

その年の5月、急遽「リビング京都」新聞に、大原野の棚田の再生事業として「大豆を作って豆腐を食おう会」の参加者を1口5,000円で募集。結果、八田塾長のご友人も含めて何とか15組程度の参加者を募ることができました。

最初の集合日は、6月の終り頃の、確か日曜日だったと思います。梅雨の合間の晴れの日でした。集合時間は午前10時。集合場所から現地まで歩いて30分。

10時半くらいから説明をはじめ、それから種まき作業。1時間もあれば作業は終わるので、正午には解散。私の中ではそんなスケジュールを描いておりました。というのも、その10日ほど前に農協の作業班にお願いして、その農地をトラク

集まりのたびに作る「葱鍋」は、
今や塾の名物だ

ターで耕してもらっておい
たのです。

　当日は、少しだけ献立てを
して種をまくだけの軽い作
業のはず、だったのです。そ
んなわけで、参加者の皆様に
は弁当や飲み物の用意は不要とお伝えしておりました。

　ところが、いざスコップと鍬で献立てをしようとしたら、
土が硬くてどうにもなりません。連日の雨で、トラクターで
耕した土はカチカチに固まってしまっていたのです。正午頃
になると日差しも強くなり、参加者は皆、もうフラフラでし
た。でも、作業は全く捗りません。

　皆さんの汗だくの姿を見かねて、私は八田さんに「皆さん
の飲み物を買ってきます」と申し入れました。ところが、「あ
かん、このまま頑張ってもらう」と強い叱責。仕方なく皆さ
んには頑張っていただきました。なかには、「頼むから水だけ
でもいいから買ってきて」と、私に内緒で懇願される方もお
られました。

　そんなこんなで結局、飲食の許可が八田さんから出たのが
午後2時か3時くらいだったように記憶しています。

　その時の、やっとありつけた冷たい水の有難さ、全身の細
胞が実感した1個のにぎりめしの味は、参加者には一生忘れ
られない食体験となりました。

　しかし、その年の大豆はというと、病害虫にやられて結局
は一粒も収穫できず、お金を払ってしんどい目にあっただけ

の企画となりました。

　しかしながら、待って待っ
て、やっと飲めた一杯の水、
やっと口にすることができ
た1個のにぎりめしの美味し
さと有難さ。参加者各自が五
臓六腑で感じたこの食体験こそが、土の塾の原点の精神とも
なっています。

　素手による農地再生や開墾という初期の過酷な作業は、こ
の会に参加して八田さんにヒドイ目にあわされた人たちが核
となって、腹からの笑顔で支えてくださったのでした。

　土の塾という場は、人間も作物や雑草、虫や獣たちと同じ
土俵に立って、共に地球上の一生物として自然のはたらきを
受け容れ、それに従って生きていこうとする自己改造の場で
あるような気がします。だから、土の塾の塾生は、多少のこ
とではへこたれない逞しく生き抜く力と、自然の恵みへの感
謝の心に満ち、「幸せを感じる能力」も高くなっていくのでは
ないか、私はそう感じています。

　京都 土の塾は、八田逸三という煮ても焼いても食えない、
どうしようもない頑固親父が、生涯を賭して「着土の思想」を
実践し、その素晴らしさ、その真実さを塾生と共に、世に伝
えようとする活動なのです。

　このところ猛威を振るっている新型コロナとも共に生きる
逞しい人間力は、こんな土の塾の活動から培われるにちがい
ありません。

夢に引き寄せられた夫婦

大西 言恵

　2000年6月、「大豆をつくって豆腐を食おう会」の新聞記事に引き寄せられて、夫と二人で参加した。

　夫の畑仕事は、現役時代から季節ごとの野菜を栽培していたこともあり、大原野の里山で塾生として活動することは自然な流れだったようだ。畑だけでなく藪の開墾も経験。土との広がりも生まれた。

　作物から種を受け、種から丁寧に野菜作りをしているが、自然が相手なので上手く行かないことも多々ある。

　鳥や猿に収穫前に持って行かれることも……。まあ、これも自然との共生なのかと思う。

　土の塾でいろいろと学ばせてもらって、それを生かしつつ新しいことにも挑戦、土と格闘する日々である。地域の畑仲間との交流、情報交換も進んでいる。

　大原野に足を運ばなくなって久しい。今となっては懐かしい思い出である。塾が大きく膨れ上がり、なんとなく参加に気後れしたのかもしれないと私は思っている。

いつ行っても、そこに畑はあった

土の塾の20年を振り返って

斉藤 義見

むし暑い梅雨の晴れ間の日に始まった、塾との出会い。

塾長の奥様と妻が料理の会での知り合いで、「主人が今度、大原野のほうで大豆を作って豆腐を作ろうとしているのですが、参加されませんか」と誘いを受けたのです。もともと野菜作りに興味があったので、参加させていただくことにしました。

粘土質の土を、汗をかきながら懸命に耕し、ヘトヘトになりながら種を植えたのですが、最初は多分うまく作れなかったと思います。

それから少しして、私を夢中にさせることが始まりました。今は果樹園になっている畑の開墾です。一面が篠竹に囲まれた荒地を、刈込みバサミをもって我れ先にと刈っていく。

日曜日はもちろんのこと、仕事が早く終わった日は夕方遅くまで、頂上めざして大木も手鋸で切り倒して進む。根っこを掘りおこす。篠竹の根っこもおこし、区画を整理し、夏野菜の植えつけができるようになりました。

「好きなものを作っていいで」と言われ、いまでは考えもできないトウモロコシやトマトなどを植えつけました。幸い、けものの被害にもあわず、2、3年はたくさんの収穫ができました。

開墾の丘を焼いていったら、段々畑がでてきた

プロジェクトもだんだんと増えて、休日はもちろん、夕方暗くなるまで畑で過ごす日が多くなりました。塾通いが、私のライフワークになりました。

20年も続けてこられたのは、作物を作る喜びと、作物が育つ過程を体験できるからです。このすばらしい日々を教え、導いてくれた塾に感謝です。これからも、体の続く限り、マイペースで参加できればと思っております。

　　　西山に 沈む夕日に 鍬せわし

開墾のころ

玉井 敏夫

　まだ私が小学生になる前、家の燃料にするために背負いかごいっぱいに松の葉を集めて持ち帰ると、小遣いがもらえた。そんな記憶があります。

　会社での生活の終わりが見え始めたころ、4、5日の休みができると、開墾ができるような場所を探しに、岐阜県や長野県を車で走りまわっていました。

　2000年に土の塾が始まり、畑を耕しながら「開墾がやりたいと思っていた」と独り言のように話したら、近くにいた高橋武博さんと高木淳さんが、「畑のさらに山側に耕地があったはずだ」ということで、開墾をはじめることとなりました。

　開墾といっても「雑木林を切り拓く」イメージと違って、30年ほど前から使われなくなった荒廃農地の再生でした。でも大木が生えて、篠竹にびっしりと覆われていて、足を踏み入れることができない。

　「こういう開墾もありか」、そんな感じで始めました。

　2001年10月28日、「ヤシャブシ」の大木を斧で倒し、「荒廃田人力開墾プロジェクト」が開始しました。最終的に分かったのですが、全体は8段の棚田でした。週末になるとメンバーが集まり、初年度は下から5段までの篠竹を切り拓きました。しかし、篠竹の根の掘り起こしはさっぱり進みません。

　周辺の農家からは、「根の掘り起こしが無理だからやめとけ」とか、「6月に篠竹を切って根を衰えさせろ」などと言われていることを聞いたりしました。メンバーの中からは、上の道路からショベルカーを入れよう、などの提案もありました。

　いろいろ考えて、篠竹を切り拓いた面積と、プロジェクトメンバーの人数を考慮して、1人25平方メートルの担当区画を抽選で決めました。切り拓いた区画は3年間、個人が自由に使える畑にできることとしました。(図)

　これで根の掘り起こしも急速に進み、春までに初年度の開墾は完了。自由に使える農地ということで、みなさん、夏にはスイカやマクワウリ等々に挑戦していました。

　スイカの周りを有刺鉄線で防ぐなどしても、獣害は今と変わりません。

　土の塾開始当時は「塾生は区画に対して、なんの権利もない」ことが徹底されていて、3年間は好きな作物に自由に使える畑は異質でした。

小屋のこと——失敗から「土の塾」を知る

　開墾をはじめてしばらくすると、地主さんから、「全体の中段くらいに小屋があるはず、どうなっているか」との話がありました。篠竹に覆われて、姿は全く見えません。道がないので、川から登って小屋にたどりつき、扉をあけました。

　30年間放置されていた小屋の中はどうか、心配やら期待やらとともに扉をあけました。が、なにもなし。乾いた土間に、農具が2、3本あるだけでした。

　小屋は、平らな地面にあるのではなく、鴨川の「床」のように、斜面に柱を立てて、その上にのっているだけ。周りを切り開くと傾きはひどくなり、崩れる心配がでてきました。

　共同作業で直すことになり、いろいろ考えて油圧のジャッ

G区画（6段目）区画割

網掛の区画は割当完了。番号のある区画の希望の場所を先着順に割当てて、
2020年3月8日現在、空き区画はG4の半分となりました。

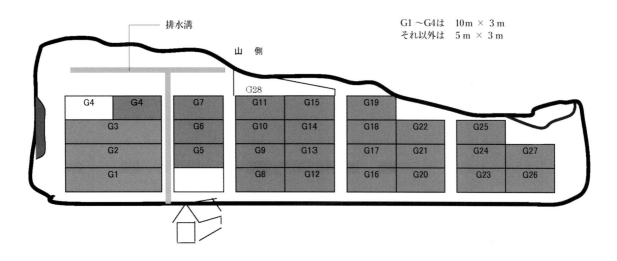

G1〜G4は　10m × 3m
それ以外は　5m × 3m

排水溝

山　側

キを用意しました。傾いた小屋をジャッキで見事に水平に直し、「やった」という気持ちで周りを見ると、塾長は渋い顔。みんなも合わせるように、すこしも達成感のある顔ではない。晴れない顔です。

どうも、油圧ジャッキがよくなかったよう。人力でみんなが担いで、丸太で持ち上げて水平にするのが、「土の塾の作法」と悟ったしだいです。

菜種のこと──失敗から「土の塾」を知る

開墾が終わり、個人が自由に使える畑となりました。当時まだ、夏野菜プロジェクトは始まっていなかったのです。夏期には各人創意工夫の作物がありますが、冬季には冬野菜プロジェクトがあり、開墾の畑はさみしくなります。

そこで、全面を菜の花畑としました。春が終わると菜種を収穫し、油を搾っててんぷらを楽しむことを思い描いていました。しかし、油を搾る「搾油機」の調達がスムーズに進まず、人力で油を搾ることになりました。

テコの原理で10メートルほどの竹に力を加えて油を搾るものです。試行錯誤でしたが、1日かかってペットボトルの底にやっと数センチの油が搾れるだけでした。

全塾生が参加する大イベントになりました。しかし、イベントは1回だけ。以降、油を搾る機会はこず、残った菜種は廃棄となりました。

開墾を始めた当初から、「荒廃田人力開墾プロジェクト」の名前で「人力」を使うことを意識し、大木の根も人力で掘り起こしました。しかし、「油圧ジャッキ」や「搾油機」を当てにする甘さを思い知り、改めて京都土の塾は「人力」であることを知ることとなりました。

「20年ずっと元気」のすばらしさ

本谷 二郎

　私は1940年生まれで、もはや年齢を口にするのも怖いような年になりました。

　社会人になってからは、盛岡 - 岡山 - 東京 - 名古屋 - 金沢 - 東京と、勤務先の変遷に伴って引っ越しを繰り返してきました。最初の盛岡は、岩手山の麓の牧場での牛や羊との生活で素晴らしい環境だったものの、その後はずっと都会暮らし。

　元来、人との付き合いが苦手。定年退職の時が近づいてくるにつれて、「都会暮らしから抜け出したい」という思いが、どんどんと膨らんできました。

　土の塾の八田さんは学生時代の先輩で、バラを作るクラブの部長をしておられました。クラブの仲間と山に行ったり、テニスをしたりと一緒によく遊んだものです。

　社会に出てからも、仕事の関係もあって時折はお会いしていました。そして、東京にいた1998年頃に、「京都に花を作るかなり大きな温室団地ができるヨ」との話を聞きました。かねてから、折あれば京都に戻りたいと思っていたものですから、温室での花作りを第二の生業として始めるべく、早々に埼玉県下の家を売り払って京都に引っ越してきました。1999年春のことでした。

　2000年には、温室の花作りを始めると同時に土の塾に入塾。その年には、ソバとゴマとダイズを作りました。みな普通より良くないデキで、ダイズは莢(さや)がペコペコ、ゴマには15センチもありそうな茶色の芋虫がついて、ちょうど遊びに来ていた娘がキャーと言いながら棒で転がして遊んでいました。気持ち悪さを通り越して、むしろ立派と思わせる堂々とした大きな奴でした。

　翌春は、愛宕山麓の越畑でソバ打ちを経験させてもらいましたが、他人のソバをご馳走になったようなものでした。その頃は、土の塾のフェンス張りを手伝ったりもしたものです。

　土の塾とほぼ同年に開所した温室組合(農事組合法人「花トピア大原野」)に第二の職業として入っての花作りは、2001年になると本格化して、土の塾で作物作りを楽しむ余裕がなくなりました。その年の春のバレイショ作りが、最後の作物となりました。土の塾には、わずか2年在籍しただけでした。

　生活をかけての温室の花作りは、面積880㎡と大きなものでした。しかも、生活をかけて頑張ったつもりの温室経営は、低位安定のままどんどん年月が経過し、2012年に高齢になったこともあってついにギブアップ。規模拡大を望む若い人に委ねて現在に至っています。

　私は野生の生き物に、かなり強い興味をもっています。土の塾にも何か動物はいないかナと、女房と一緒に懐中電灯をもって夜に見にいくことが時折あります。こちらからは何も見えませんが、樹の陰から逆に見られているはずで、むしろ昼間にシカ、イノシシ、サルなどを見かけます。面白半分、怖さ半分では何も見られないのはわかっていても、彼らのさっそうとした夜の姿を見たいのです。

　梅雨の時期には、小さなホタルが飛んでいます。図鑑によるとヒメホタルのようです。虫の声もなかなかのもので、まだ夏だというのにマツムシがチンチロリンと、明るい声で鳴いています。家から土の塾まではほんの1kmくらいなのに、

我が家あたりにはヘイケボタルはいても、ヒメボタルもマツムシもいないようです。

　土の塾も花トピアも同じ頃のスタートなのに、土の塾は今も皆さん楽しそうで元気いっぱい。20年という長い年月をずっと同じメンバーというわけではないでしょうが、変わらない結束の強さに感心させられます。一方、今の花トピアはなんともしんどい毎日です。営利組合であるが故のしんどさなのでしょうが、楽しみながら飯が食える組合なんて、そうそうあるものではありません。

　「組織は人なり」と言いますが、そのとおりだと思います。土の塾が今でも元気なのは、塾の方々がみな素晴らしいからなのでしょう。土の塾は、作物だけではなく、人も作っているのです。

「雑草という名の草はありません」。雑草研究会で

私と土の塾

山下 正子

　私が土の塾に入れて頂いたのは、塾を始められて1、2年後のことだったかなと思います。

　私は、富山県の砺波平野の散居村で育ちました。好天時には家から立山連峰が見えます。50歳半ばを過ぎて何故か、田んぼ、里山の原風景が無性に恋しくなってきました。

　49歳で交通事故に遭って転職し、自身の中にも種々の思いを抱えて生活している中で土の塾の記事に出逢い、入塾させて頂きました。荒れた野山を開墾された塾長を始めとする塾生の方々のご苦労の上に乗っからせて頂きましたこと、今でも感謝で一杯です。

　仕事と家庭を両立させる中でも、塾生としての私は気持ちをはずませ、ワクワクしながら週に一度通っていたように思います。多くの先輩の皆様には、一つひとつを丁寧に教えて頂きました。

　今思い返すと、汗だくになった後に飲んだ一杯のお茶のおいしかったこと。何よりも、体と心の元気の源の一服でした。塾生の皆さんの笑顔と優しさは、百姓の娘として富山で18歳まで家の手伝いをしていた頃の私の両親と同じでした。

　一緒に塾に通っていた夫が病気、そして他界して五年半。その際には、皆様には本当にお世話になりました。夫は口数も少なく、温和な性格で、学ぶことの大切さをいつも教えてくれる人でした。

　それからの私は体調も悪く、塾を休んでおりました。それでも、令和2年1月の野生の森の舞台でのコンサートにお誘いを受け、久し振りに参加させて頂きました。

　何らかの繋がりがあれば嬉しいと思い、「灯そう会」に入会させて頂きました。再入塾した塾には新しいお顔の方々が多く、年上の方のお顔が少なくなって淋しい思いでした。

　塾長の、「この地球で生かされて生きる、自然と共生する」のお言葉が私は大好きです。私もこれまで、「命よりも大切なものはこの世にはない」と思って生きてきました。

　私は塾長からの学びと共に、今の地球の温暖化に目を向けて、「自分にできることから直ぐに始めないと、私たちの住む青い地球は守れない」と本から学びました。子供や孫たちに安心して住める地球を残さねばと、私も強く思っています。

　皆さんと一緒に学び考える人になりたい。そう願って、小さな赤い自転車でボチボチと塾に通いたいと思います。

　どうぞ宜しくお願い致します。

畑で心を耕して仕事に行った日々だった

土の塾と私の出会い

末吉 俊信

それは、衝撃的で感動的な出会いでした。

今もそうかもしれませんが、京都西山の多くのタケノコ畑が竹藪へと変貌するなか、「タケノコ畑人力蘇生プロジェクト」の新聞記事を偶然に見つけた私は興味を抱き、何も知らないままに土の塾に飛び込みました。

鬱蒼とした竹やぶに足を踏み込んだ私には、初めての作業でした。ひどく疲れましたが、何とも言えぬ爽快感も味わうことになりました。仲間たちにも興味を抱き、土の塾に恐る恐る参加することになりました。

タケノコ畑の蘇生にも数回チャレンジし、農業の基礎も教えていただき、楽しい日々を送りました。特に塾長の八田さんとの出会いは、その後の私の人生観に少なからず影響を与えました。農業を貫いて姫路の田舎で生き抜いた私の慕う祖父と、どことなく重なる八田さんです。

やがて数年が経ち、会社人間の定めか、関東に転勤することになった私は、残念ながら土の塾を去ることになりました。別れの時、八田さんからの言葉は、「これから社会で活躍されるでしょうが、いずれ必ずここに戻ってくることになるでしょう!」。

私は土の塾で、自然との付き合い方、仲間との付き合い方の基礎を学びました。忘れ得ない思い出です。

今は、ベランダ栽培でゴーヤ、キュウリ、カボスなどを育てながら、ささやかですが自然と向き合う楽しみを続けています。土の塾の当時の素朴な活動が、私の生きる原点となっているのです。懐かしい思い出としても、私の心の中にいつも大切に活きております。

かつての「生命の丘」での竹藪の土入れ

最後に、コロナ禍にもへこたれることなく、自然と向き合って、優しく持続可能な生活パターンを身につけ、これからも益々発展していく土の塾と仲間たちにエールを送ります。

有難う八田さん !!
有難う懐かしい仲間たち !!
有難う土の塾 !!

我が友 八田逸三さんと塾生の皆さんへ

高木 壽一

　荒れ地を耕す。しかし、それは農業ではありません。工業、商業等というときの「業」ではないのです。

　土の塾に必要なのは「農」のみであって、「業」があってはならないのです。機械は一切使わず、ただただ人が土と交わる。化学肥料はもってのほか、自然が与えてくれるものを成果とします。畑を荒らす獣は、時に作物に被害をもたらしますが、それとて必ずしも敵ではなく、そこに共に生きる自然なのです。

　土と語り合って20年、土の塾は八田さんと塾生の皆さんが成し遂げた奇跡であると言っても過言ではありません。そして、それは現代社会へのメッセージです。

　八田さん、長生きしてください！　塾長は誰にも引き継ぐことができないのです。土の塾は八田さんの魂ですから。

（元京都市副市長）

竹の茶室のお茶会にも参加しました

「京都 土の塾」20周年に寄せて

中村 安良

京都土の塾を主宰する八田君とは、彼が京都市役所に在職していた折からの長い付き合いになります。農家の生活を守り・向上させ、市民には農産物を豊かに供給するという農林行政に心血を注いできた八田君は、定年退職後に農家での2年間の修行を経て、京都土の塾を大原野長峰の山間部の田畑の耕作放棄地で始めたわけです。

とはいえ、近隣の農家の皆さんにすぐさま受け入れられたわけではありませんでした。「農業未経験者がやっていけるのか」、「土地を荒らすだけ荒らして2、3年で放り出してしまうのではないか」等々、不安や危惧の声は私の耳にも届きました。私は農業者側の立場でしたが、八田君を信じ、農園にも幾度となく足を運び、活動を見守ってきました。

それから20年。多くの人から無謀と言われた京都土の塾の挑戦は見事に花開き、2反ちょっとからスタートした農園は現在、田畑が3.7ヘクタール、山林は13ヘクタールにまで広がっています。近隣の農家の皆さんが、八田君の農業に対する愛情と誇りに共感共鳴し、自分の土地をぜひ使ってほしいと申し出てこられた結果です。

塾生は地元のみならず、他府県からも集まってきております。私利私欲なく、農に己の人生を捧げている八田君の人徳にほかなりません。

NPO法人となった記念の会で挨拶もしました

京都土の塾の思想の基本は、機械、農薬、化学肥料を一切使わず、自らの手で土を耕し、食べるものを手に入れるというものです。考えてみれば、昔の人は機械や農薬がなくても立派に農を営んでいました。京都土の塾が実践しているのは、言ってみれば農の原点です。八田君の信念に大いに共感すると同時に、京都土の塾の理念を広く知らしめなければならないと強く感じております。

20年前、京都土の塾が大原野に灯した小さな灯は、多くの人の共感を集め、大きな灯となりました。この灯が日本全土を照らす、さらなる灯になることを熱望しています。

（元 京都市会議員、前 京都市農業委員会会長）

雨中の竹林の集い

織井 優佳

あれは確か2008年ごろなので、もう10年以上前になります。その頃、大阪で文化面の記者をしていた私は、京都の卸売市場の場長をしていた方が、思うところあって自らの手で土と格闘する場をつくって活動している、と教わりました。

貴重な情報をくださったのは、これもうろ覚えですが、のちに京都大総長になられた山極壽一先生だったと思います。「それは面白い！」と、いそいそ連絡を取ったその方が、八田さんでした。

本来はお天道様と土まかせであるはずの農業が、生産性と商業性をどこまでも追求した結果の、規格品みたいなぴかぴかの野菜や果物ばかりが集まる市場で長年働いた。これが人生の次のステップへと進む原動力となった、と聞きました。

生産性の追求こそ善、と信じて突き進む「農学部」出身者の一人である自分でしたが、確かに現状の農業は楽しそうではない。「何がおかしいんだろう？」とモヤモヤしていました。八田さんの指摘は、そのモヤモヤを晴らす一つの答えだと感じました。新鮮な衝撃でした。

一番心に残っているのは、京都大学桂キャンパス近くの竹林で、ほんのさわりだけ体験させてもらった「たけのこプロジェクト」の現場です。お誘いいただいた当日は小雨交じりの天気で、「持参します！」と言っていた雨合羽も忘れ、足元も普通のスニーカーだった私は、タケノコ掘りをまったくなめていました。

それでも、ぬかるむ足元に気をとられながら、よたよたタケノコを掘る。へたくそで、何本もタケノコに傷を付けてしまいました（うぇーん）。

その場で炭火焼きにしたものを、竹筒で温めたお酒と共に、和ろうそくのあえかな灯りのもとで味わいました。全身汗びっしょりでどろどろでしたが、ものすごく爽快で、「タケノコも酒も天上の美味」の感じ。

八田さんが力を込めて語る、「土を感じて生きる幸せ」とはこれか‼　と心の底から腑に落ちました。

その後、私は大阪から異動し、横浜、東京、名古屋から東京、そして今は鎌倉と勤務地を転々。八田さんの渾身のプロジェクトを間近でもう一度拝見する機会がないまま、年月を重ねてしまっています。

でも、観念論をこね回すことが「文化面」と思って説得力のない記事ばかり書いていた当時の私がその後、「現場」から「人の生き方を考える」構成こそ人の心に届く"文化"記事だ、と思うに至り、少しずつ実践できるようになってきた（もはや55歳ですから、気づくのが遅すぎますね）のは、あの竹林の酒宴のおかげだと思っています。

私が目を見開かされたように、土の塾はこの20年、いろいろな人たちに新しい世界の見え方を提示し続けてきたのだと思います。八田さんの体調が少し心配ですが、これからも多くの後続の者どもに、ほのかな、しかし消えない灯りをともし続けてください！

（朝日新聞記者　鎌倉支局）

土を耕し、土に親しむ

水田の底を足で踏み固め、穴をふさぎ床を作り水漏れを防ぐ

コツコツの積み重ねはすごい

山本 満里

　機械の力を借りず、人の力で耕し、草を刈り、なんでも運び、水路や耕地の改修もこなすすごい塾生たち。コツコツと頑張ればなんでもできる、「人の力はすごい！」ことを教えて頂きました。

　収穫の喜びはもちろんですが、斜面に伸び放題で人が見えなくなるくらい高くなった笹や草をみんなでザクザクと刈り取り、スッキリした時の気持ちいいこと！

　竹林の間伐もすごい作業でした。太く長い竹をのこぎりで切り、決めた方角に倒して外に運び出す。すると、ぎっしりつまっていた密林が1メートル間隔くらいのきれいな竹林に変身。1人では決して味わえない、多人数の力ならばこその共同作業の成果でした。

　最も感動したのは、こんにゃくづくり。里芋の親分のようなコンニャクイモを数年かけて育て、これをゆでてミキサーでつぶし、灰汁を加えて練りに練って、またゆでてゆでて、ようやく完成。灰汁ももちろん自家製のこだわりの逸品。

　この作業を教えていただく土の塾には電気はなく、発電機まで据えての作業。段取りしていただいた先輩方には感謝しかありません。お陰様で、こんにゃくづくりには自信があ

ります‼

　退職した年から約10年間、土の塾でお世話になりました。教えていただいたことを次に伝えなくてはと思っていたのですが、力尽きて退会いたしました。

　今は夫の実家の畑を、土の塾方式で耕作しています。おいしく食べる工夫をすることも塾の先輩方から教えていただいたので、収穫したものを食べつくす努力もしています。

　こんな楽しいことをたくさんの人が実践すれば、「休耕地がなくなり、食料自給率がぐっと上がるなあ」と夢見ています。

崖っぷちにへばりついて草を刈る

一年めのようなことは
したくないと……

松浦 航海

塾への参加として小麦づくりに関わっていましたが、はじめて自分一人で作り始めたものは冬野菜の大根、人参、水菜、壬生菜、大根、カブ、ネギ、ブロッコリーと蕎麦でした。

周りの人にコツや時期など教わりながら、なんとか土起こし、耕し、種播き……と、期日とされている日までにやるべきことはできたと思っていました。

ところが、その年の出来としては、冬野菜はまともに大声で成果といえるものはネギと人参くらい。大根は出来たものの、手のひらサイズにも満たない小さなものでした。他の作物も、芽吹かなかったものも多くて収穫できない有様でした。

蕎麦は、はじめのうちは順調であったものの、土寄せをした晩にシカに食われたり、台風の影響で倒伏してしまったり。最終的な収量は800gほどで、確かその年で一番少なかったと記憶しています。初めから上手にできるとは思ってはいませんでしたが、悔しい思いでした。

2年目となる翌年、同じものに再チャレンジした際には、流石に1年目のようなことはしたくないと……。特に冬野菜は肥料と水やりをこまめにして、良い結果を残しました。どれもが立派に成長してくれて、大きすぎてどう持ち帰ろうかと。しかも、持ち帰っても消費が難しいくらいの出来。

蕎麦も1年目の3倍以上の2.5kgほど収穫できました。収穫も実磨きも、「去年はもっと楽だったのにな」などと思えてしまったほどの成果。もちろん、「しっかり育ってくれてよかった」と、誇らしい気持ちでいっぱいな年になりました。

今は、遠隔地にいて、畑にはなかなか関わることができない状態です。それでも、後を任せた両親が農作業にいきいきと取り組み、楽しんでいることは嬉しくもあります。

土の塾での作業は、それぞれが大変で、苦い結果として返ってくることもあります。それでも、体を動かして汗を流すことの楽しさ、植物が日々育ってくれていることの嬉しさ、収穫した作物をおいしく味わうこと、その有り難さ、そんな喜びが詰まっている場所だと思います。

土の塾は、20年間も続いてきたからこそ、自分もこのような場と出会え、良い経験をさせてもらうことができたのです。感謝しています。ありがとうございます。

竹伐りすると気持ちがすくっと立つ

土の塾＝息子？

松浦 清美

「母さん、掘るだけでいいし、やってくれへん？」。

この一言から私の「土の塾」は始まった。少なくとも記憶している範囲で、私が頼みごとをすることは多々あれど、息子から頼みごとをされたことは、多分ない。そんな息子からの頼みごとだ。断れるはずがない。

「掘るだけやったら頑張るわ！」と返事した。昨年は不作だったが、今年は豊作になるであろう筍が気になっているらしい。

春に大学を卒業して社会人となり、東京に行くことになった息子。「土の塾」の中で、筍が一番好きだったしね。申込書を見て、「えー、4プロジェクトしんとあかんやん」。「そやねん。だから頼みにくかったんやけども」。「えーどうする？」。「ゴールデンウィークとお盆休みに帰ってできるものやったら、その時にするし……」。

そんなやり取りを経て、筍の他に生姜、蕎麦、冬野菜の栽培をすることに決め、申し込んだ。

3月に息子が東京に引っ越し、入れ替わるように単身赴任だった夫が転勤で帰ってきた。結果、息子の畑を一人で守るはずが、夫と二人ですることに。おー、素晴らしい戦力や‼

まずは筍。

掘るだけのはずが、畑を猪に荒らされ、それを見た夫が、「囲いを作る！」と言い出し、囲いを作る。→ 仕事が増えた。

他の畑を見て、「なんであんなにきれい？」と、息子に質問。

結果、掘るだけではない筍畑の実情を知る。→また仕事が増えた。息子には、「掘るだけでよかったのに」と改めて言われたが、やるからにはねー。

次に生姜。

ゴールデンウィークの帰省時に息子と夫が荒起こし、肥料入れをしてくれたが、もちろんそれだけで生姜ができるわけもなく……。その後は → 〃（また同じ）。

そのまた次に、蕎麦。

お盆の帰省時に息子と夫が荒起こしと肥料入れ、種まきまでしてくれたのだが、当然それ以外は → 〃（またまた同じ）。

最後に冬野菜

こちらも、お盆の帰省時に息子と夫が荒起こししてくれたのだが……。肥料を入れるところからは → 〃（また同じ）。

最初は軽く引き受けた「畑を守る」という息子との約束。作物を育てるということが、こんなに大変だったとは……。もちろん、ある程度は考えてはいたが、それ以上にやることがある →（増える）。

もちろん主たる力仕事をやったのは夫。見ていただけの私は偉そうには言えない。

はじめて息子の今までの頑張りを実感した。それなのに、いろいろ文句言って、ごめんよー。

元来、いろいろなことに興味がある私にとっては、実践を伴いながら新しく学べる良いチャンスであった。やりだしたら、ついのめりこんでしまう。各野菜の生態、育て方を調べ、息子に聞き、他の塾生の方にもお聞きする。しつこく質問ばかりしてお世話になりました。心より感謝です。

手をかけたら、作物たちはきちんと応えてくれる。手を抜いても、きちんと応えてくれる。そこまで律儀でなくてもよいのだが……。→楽しいやん!!
今年度は参加するプロジェクトの数を増やして続行中。

「土の塾」＝息子だったはずが……。「土の塾」＝私の楽しみ、にすでになっているかも??

いつの間にか家族3人で筍畑に立っていた日もある

土と戯れ、かけまわった 幼い息子たち

塚本 和子

　私が土の塾に入らせて頂いたのは12年前、息子たちが3歳と5歳の時でした。

　子供たちに、「自然の中でのびのびと土に触れる体験をさせてやりたい」と思ったのがきっかけでした。案の定、息子たちは土にまみれ、沢に入り、崖を上り、泥んこになって遊びました。

　喜んで遊ぶものの、作業を手伝ってくれるはずはなく、炎天下の草引きに一人で通うのも、まだ畑になっていない土を耕すのも、どうにも私の力だけでは間にあわず、結局、1年も満たずに退会してしまいました。

　まともな収穫もできず、収穫の喜びも、作物の美味しさを味わうこともなかったのです。にもかかわらず、土の塾にいた時間は夢のようでした。

　幼い息子たちが、温かな人たちに見守られながら、安心して土と戯れ、かけまわることができる夢の国でした。17歳と15歳になった息子たちの記憶にもちゃんと残っています。

　そして、何より私が土の塾に入りたいと思い、楽しく過ごせたのは、塾長のおかげです。初めて出会った時から、一目惚れ。熱いトークも好きですが、お話しされなくても全てがお顔に表れています。信念に満ち、日に焼けたたくましいお顔に惚れ惚れします。

　塾長との出会いに、本当に感謝しています。

息子たちは、鍬の洗い場で体も洗っていた

私の「土の塾の不思議」

森川 惠子

　私が初めて大原野の畑を訪れたのは、2000年の夏でした。そのときに初対面の塾長から命じられたのは、大豆畑の草取り。息をするのもしんどいような暑い日のことでした。

　ひたすら草取りをしたあとは、谷川で冷やされたミニトマトをいただき、谷川に足を浸したときは心身のすべてが、ただただ伸び切っていました。

　覚えていたのは、トマトの味と塾長の麦わら帽子に止まっていた赤トンボのことだけ。作業に戻り、仕事がなんにも進んでいないことに気づいて、大慌てしました。でも、それが私の土の塾への第一歩であったことは、確かでした。

　それから20年余。前半は本業の仕事をしながらの大原野通い。土曜と日曜と祝日ごとに、雨・風・台風・日照りの中で、土や太陽にふれる時間を満喫していました。

　畑仕事はそれまで全くしたことのない、田舎の町育ちの私。そんな「都会人間」が、ジャガイモやお米を作り、収穫した大豆で味噌も作れるようになりました。

　こんな自慢ができるに至るまでには、せっかくの里芋やサツマイモが獣害で全滅したり、熱中症になったり、草刈りしていて崖下に頭から落っこちたり……。自分の畝の稲を刈っているつもりが、いつの間にかお隣さんの稲を刈っていたことも。畑での私の失敗談は数えきれません。

　そういう失敗のたびに、「自分の食べる作物を自分の体を張って作る」ことの大変さを思い知らされました。そして、同じくらい衝撃的に実感したのは、生物としての自分の実体の小ささでした。それでも続けてこられたのは、自分が食べるも

のを自分で作るうれしさがあったからでしょう。

　収穫した大根や玉ネギのとびきりのおいしさ！　自然の中に身を置く心地良さ！　それに、畑仕事のあと泥だらけになって帰宅して入るお風呂もいい！　全身の細胞が息を吹き返して、「私は生き物なのだ！」と主張するのです。こんな幸せな一瞬一瞬があるから、私は続けてこられたのでしょう。

　塾で出会った仲間の存在も大きかった！　みんなみんな、人間力の塊みたいな人たち。それぞれ変わっていて、それぞれ面白くて、温かくて、「素のままの会話」に大笑いしながら谷川には橋も架けるし、小屋も作ってしまうのです。

　それに、みんなお料理上手！　仲間から教わった料理のレシピは、今も増え続けています。「自然界から賜った食べ物」をありがたく無駄なく戴くことの尊さを、私はこの土の塾で学びました。

　畑へ行けば作物が待っている、仲間たちに会える。仕事と家の往復だけの暮らしは激変しました。そのうちに、土の塾まわりの「不思議」な世界にとりつかれもしました。

　その一つは、「大豆の寂しくない距離」のこと。

　大豆の種を撒くときは、2粒蒔きにします。そのときの粒同士は「それぞれの大豆が寂しくない距離」にするのがよい、といいます。私はこのことを聞いて以来、この「寂しくない距離」に、ずうっと囚われています。

　「大豆さん、土に蒔くときは寂しくないようにお隣さんをつくってあげるよ。でも、苗丈が30センチぐらいになったら、2本立ちから1本立ちになるのだよ」、ですって！

それぞれの場面での大豆の気持ちはどうなのでしょう。こんな表現が溢れる農の豊かな世界に圧倒されてしまいます。

この「寂しくない距離」の考え方って、ソーシャル・ディスタンスなんていう言葉が闊歩しているコロナの時代にあって、なんとも意味深長な言葉ではありませんか。いろいろな局面での人と人との距離のあり方を、自分も大豆の気持ちになって、あらためて考えさせられています。

不思議なことの二つ目は、「荒起こしはどうしてこんなに気持ちがよいのか」です。区画が決まり、雑草だらけの畝にスコップを入れるとき、初めは「フウー、大変だ！」と思うのですが、荒起こしをしているうちに、だんだんと気持ちがよくなり、無我の境地に入っていくのです。なぜなのでしょう？

スコップを入れ、土を起こせば、起こした分だけが、ちゃんと見える。これって労働の可視化？だから気持ちがいいのかだとか、ナントカカントカ考えます……。

また、この気持ちよさは、登山する人の「クライマーズ・ハイ」と同じかとか、お坊さまが説かれる「掃除するときは無心に掃除に専念せよ」に通じるのかとか。はたまた、「人は思

全体重をかけてうどん生地を踏む

考するだけで存在するものではない。身体が動くことそれ自体があってこそ、存在できうる生き物である」なんていう考え方と同じかなどと、モソモソと考えながら荒起こしをしています。

今や少々くたびれかけてきている身ではありますが、これからも荒起こしの機会を、いっそうモソモソと楽しみたいと思っています。

三つ目は、「ミミズ嫌いだったのに」の不思議です。11年前に京都市内に引っ越しました。街中の下町です。当初は「街中に土の塾の "出店" を作るのだ！」と勢い込んで、玄関先に幅1メートルちょっとの木箱を5個置き、稲や麦、里芋を植えました。家の前を通る人が、「こんなところに稲が実っている！」なんて驚くのを見て、密やかに愉しんでいたのです。

でも、稲や里芋などは水管理が大変で、すぐに挫折。今年はミニトマトや唐辛子、畑で収穫したものの、芽が出てきたので慌てて植えなおした生姜が育っているだけになりました。

ところがこの夏、近所の小学2〜4年生の男の子、時々は女の子もまじった数人が、毎日のように我が家に通ってくるようになりました。木箱の下のダンゴムシや極小の庭のミミ

ズや蝶を採るのが目的のよう。そんななかで、彼らが、「見て！ミミズがとれた」と手の上のミミズをうれしそうに差し出したときは、複雑な気持ちでした。

　私、もともとミミズが大の苦手。もしミミズのいる土牢にでも入れられて拷問にかけられたら、あることないこと、なんでも白状してしまう……、ような人でした。

　そんな私が今や、畑で土を耕していてミミズが出てきたら、「キャッ！」とは言うものの、「ああ、私の畝の土をよくしてくれているのね」と思えるほどになったのです。もっとも、差し出されたミミズには今も触れることはできませんが……。

　私はいまや近所の子たちの「ダンゴムシおばさん」、「ミミズおばさん」です。この変身ぶり、土の塾以前の自分に見せてやりたいほどです。

　いずれにしても、土とは無縁だった都市生活者の私が、畑や家でこんな生活をするようになるなんて！　何が私をこうさせたのか。土の塾のせいというか、おかげというか……。いいえ、大原野の自然が私にくれた20年間のオマケかも。

　確かなことは、そうなのです——私たちの「京都　土の塾」には、いっぱいの「不思議」が詰まっているのです。

土手の斜面の共同作業。足腰が鍛えられた…と思う

私の「土の塾時間」

古徳 真人

　私が生まれ育った米子の実家にも、小さな畑がありました。青物野菜や根菜類などのほかに、春にはイチゴ、夏にはイチジク、秋には柿など、一年を通して収穫が楽しめました。

　卵が産まれていることを楽しみに毎朝、鶏小屋に行き、卵がないと産んでくれるまでじっと待っていました。

　公務員だった父は、日曜日の多くの時間をこの畑で過ごし、私はそこで父と焚火で焼き芋をつくったり、一緒に畑に水をやったり、柵を直したり。もぎたてのイチジクをほおばったり、干し柿をつくったりもしました。

　兄と泥だらけになって夕暮れまで遊び、スネには転んだあとのカサブタがいつもあり、夏は体中蚊に刺されたものの、子供心にはこれ以上ないワンダーランドでした。それが私の子供時代の原風景です。

　その後、実家を出て京都で大学時代を過ごし、会社に入ってからは都会暮らしが続きました。その間の9回を数える転勤は、土とは無縁のマンション生活。あの楽しかった子供のころの畑のことをすっかり忘れていました。

　40代になって関西勤務となり、再び京都に住んで、そんな時に出会ったのが「京都土の塾」です。単に無農薬野菜が欲しいだけなら、今や通販でいくらでも手に入ります。野菜を作りたいだけなら、貸農園だってあります。

　でも、それでは少年時代の私の心に残っている「畑時間」は戻ってきません。土の塾に初めて行ったとき、なにか私の心に残るにおいを感じました。仕事に明け暮れる49歳のころだったと思います。

　入塾し、最初に行ったのが共同作業日。とんでもない太さの丸太を、山からテント小屋まで下ろそうという計画でした。トマトの温室あたりから、皆でふうふう言いながら引っ張って作業しましたが、正直言って、「とんでもないところに入ってしまったかな」と。

　人生で初めて丸太を担ぎ、皮を剥ぎ、いったい何に使うのかと思えば大テーブルの横の共同ベンチ。でも、出来てしまえば世界一の丸太ベンチです。

　「すごいなぁ」。周りを見渡せば畑の柵も、収穫小屋も農機具置き場も、かぐや姫（トイレ）も皆、周辺の里山で獲った竹や間伐材製です。水は小川から引き、調理は焚き木で完結。

　飽食の時代、高度成長がもたらした大量生産・大量消費のなかで、人間が忘れてしまった何か大切なことを思い出させてくれるものが、この土の塾にはありました。

　八田塾長のお話も、とても面白い。「蛇がいるかもしれないので、草刈りは両方から攻めてはいけない、逃げ場を作ってあげるのが大切だ」とか、「芽を早く育てようと周りの雑草をすぐ抜いてしまう人が多いけど、本当に強い芽を育てたいなら雑草としばらく競争させる時間も大切」などの話は、まさに子育てとか人間教育に通じるものがあると思う。

　「柿の木は、秋に実がなりすぎて枝が折れないよう、6月ごろには自ら青い実を落とす」という話は、今の大企業の新卒大量採用・大量退職の反省にも通ずるものがある。

　「大自然は、まさに現代社会にいろいろ教えてくれているんだなぁ」と、塾長のお話を聞いていつも感心してしまいます。

私と家内にとっての「土の塾時間」は、自然の中で生きることの面白さを発見する喜びの時間です。同時に、「この歳まで知らなかったことの多さ」を反省する時間でもあります。そして、これから長い時間を過ごすふたりにとっては、これ以上ない「人生のワンダーランド」です。

こんな気持ちのよい一瞬があるから……

「農」との出会い
小さい頃は農作業が嫌いだったけど

吉松 敬二

　私の田舎は遠州平野と呼ばれ、夏は遠州灘からの南風、秋冬は西方からの強烈なからっ風が吹いた。里山などはまったく無く、海抜4、5mの平地。まだ耕地整理もされていない農村そのもの。強風を防ぐため屋敷は槇の垣根で囲われていた。

　田と畑は半々くらいだったか。家ではまだ農耕用に牛を飼い、田んぼを耕していた。小学校ではまだ田植え休みがあった。家族総出で1週間ほどかけて手植えしていた。小さな田んぼは子供の担当。夏は畑の草取りや、野菜を市場に出荷する手伝いが待っていた。ある時、竹で編まれた大きな籠にナスを一杯入れ、自転車で市場に持って行ったが、なんと30円くらいだったのを今でも忘れていない。

　食べるコメには事欠かなかったが、農業の手伝いは遊び盛りの子供には辛かった。中学校の時くらいか、遅ればせながら田舎にも土地改良事業が始まり、小型の耕運機を共同購入したので牛も手放した。現金収入を求めて、多くの人が勤め人になり、三ちゃん農業が広がっていった。日本が高度経済成長の道を走り始めた頃だった。

　高校卒業後、京都市内で生活が始まり、その10年後には縁あって丹後の高校に赴任した。当時の丹後は、農業とちりめんの賃機が大きな産業だった。

　村内の谷筋に綺麗に手を入れた棚田が広がり、砂丘地農業や果樹園芸も盛んだった。勤務先は農林学校が前身だったので、農業科には専業農家の後継者も丹後一円から集まり学んでいた。付属の農場では牛、豚、鶏などが飼われ、果樹や施設園芸の実習もされていた。農場では牛乳や鶏卵、野菜が販売され新鮮な農産物が手に入った。年配の農業科の教員がよく「農は国の大本」と話していたが、生徒たちの反応はイマイチだ。それでも、農業振興策として地域に点在する里山を開墾して、大規模な国営農地の開発事業が始まり、若者の新規就労も見られた。

　その頃、久美浜で関電の原発建設計画が持ち上がり、町を二分するような賛否両論の運動が始まった。「金は一時、土地は万年」が、農業・自然環境を守る人たちの反対運動のスローガンとなった。原発と農業や漁業が両立するのか、町の将来はどうなるのか、日本海側の過疎地は厳しい選択を迫られた。隣の福井県は原発に町の将来を託す道を選択していった。

　9年後、京都市内への転勤があった。丹後の田舎生活が身についてしまったのか、山と農地が身近にある洛西の地に住むことにした。勤務が午後から夜間となり、午前中の時間が空いたので、物集女城跡の畑の一部を数年間借りて、ジャガイモやサツマイモなどの土物を作って遊んでいた。

　暫くして、西山の麓に土の塾を開く計画を知り、現地を見学し、八田塾長の壮大な計画を伺った。開設準備の年で、今は広場になっている場所にジャガイモが植えられていた。

　硬そうな土や大きな石がゴロゴロしており、正直驚いてしまった。周囲の荒れ地の開墾から始めると説明されたが、そのイメージもないまま、西山を背景に人家から離れた山間地、何よりも小鳥がさえずる環境が気に入り入塾させてもらった。

　土の塾のシステムは、分割された区画を各自が自由に耕作するのではなく、一定の区画に希望者全員が同じものを作る

収穫の時を想いながら……田植え前の代かき

方式で、これまで作ったことのない作物のプロジェクトがいくつも用意された。「土の塾」と命名された所以なのかと思った。

これまでに参加したプロジェクトのいくつかを思い出してみると……。

ジャガイモ　最初は果樹園にする予定地の下？で作った。長く耕作されていなかった場所で、竹やススキの根を掘り出しての畑作り。そこは砂地が混じり、水はけもそこそこ、十分な土寄せもできたので予想外の豊作だった。バタジャガで食べたホクホクの男爵は美味だった。

そば　初めての栽培経験。愛宕山麓の越畑の農家の指導で、種も提供していただいた。種蒔きは8月の20日過ぎの猛暑の中での作業。発芽後、10センチほど伸びたそば菜をさっと湯がき、そばつゆにつけて食べた。ほのかに蕎麦の香りがし、歯応えもあり。

秋には収穫したそばを粉に挽いてもらい、そば打ちの初体験。打ち立ての十割蕎麦の美味しいこと。以来、何回か越畑の里に足を運び、旬の手打ちそばをいただいた。その時のそばの実をずっと保存してあり、春・秋に蒔いてソバ菜を楽しんでいる。

里芋　何と言ってもあの強烈な臭いの追肥のことが思い出される。冬の間に集めた落ち葉の中に、中央市場から分けていただいた魚のアラを混ぜて発酵させる。近隣の住民に迷惑をかけていないかと心配するほどの臭い。タヌキやアライグマ、イタチなどの大好物。

真夏に入れるこのアラ肥料の力か、丸々と太った子芋がたくさんついた。芋の煮っころがしを作る時に出るぬめり、芋の粘りときめの細かさ。大鍋で作る芋煮会には欠かせない食材。大原野の土地柄か、里芋の出来はあの福井の大野の里芋にも負けないものだった。

さつまいも　野菜作りの入門コースのさつまいも。小さな竹の根と雑草がはびこった傾斜地を開墾。消石灰のみの施肥。垂直植え、斜め植え、船底植えと、いも蔓苗の植え方も色々あるが……。あとは水やり。3日もやれば根は付く。真夏の太陽を一杯浴びて蔓が伸びた頃が草取りと蔓上げ。子供のころ、この作業は夏休みの手伝いだったが、雑草も成長して根も張り、引き抜くのに苦労した。

1、2年のいもの出来は大豊作だったが、以後天敵が現れた。サルやアライグマなどのお出ましである。蔓の根が着き始め

た早い段階で、何ができているかと、蔓を引き抜いてしまう。一度引き抜かれた蔓は根が切れてしまい、植え直しても細い芋しかつかないことが多かった。芋はサル、猪、アライグマなどには大ご馳走。秋口に畑全部を一晩で食べ尽くされたことも多かった。

蒟蒻　大平一夫さんの故郷、岡山産の蒟蒻の種芋だったか、3年目には直径20センチ以上の見事な芋に成長した。秋の収穫後、この芋を薪で焚いた大釜で湯がき、皮をむいてミキサーでこなし、灰汁を入れて成型、再度湯がく。コンニャク作りは1日仕事だった。1個の蒟蒻芋からできるコンニャクの量に驚く。店で買うコンニャクの水っぽさはなく、シコシコ感抜群。お刺身、みそ田楽、ちぎりコンニャクなど、日本酒との相性が良く、晩酌の肴として好きな一品だった。

筍　京都の西山一帯は孟宗竹の筍の産地。竹の間引き、施肥、土入れと、手間ひまかかる作物だが、地中の筍＝白子筍はえぐみもなく柔らかく、全国的にも品質が優れているといわれる特産物。桂坂で数十年作られていなかった「放置された荒れた藪」を筍畑に再生するプロジェクト。

20メートル近くある孟宗竹。無茶苦茶に倒れた枯れ竹や7年以上の古竹の処理作業。切った竹も引き抜けないほどの密集竹林。1坪あたり1、2本の親竹になるよう間伐整理。薄日が差し込む見通し良い竹林に整備するのに2、3年はかかったか。

被せた土の割れ目を見つけて慎重に掘り出した白子筍。店ではお目にかかれないずっしり詰まった肉厚の一品。春の桜のお花見、旬の朝掘り筍をいっぱい入れたちらし寿司が私の自慢の料理となった。

終わりに、山間地の農業と野生動物について一言。近年の西山山麓は動物たちの楽園か。明日収穫しようかと予定したその日の朝にかぎって、20〜30匹の猿の軍団が容赦なく食い倒す。それも毎年、2日、3日と違わずに来訪してくれる。動物の日記は私のものより正確である。

黄金色に実った稲の穂先だけをしごいて、残すことなく食べ尽くす。土入れ早々の竹林では、地中深くの筍の子供を掘り起して食べ散らかす。半年以上も手間ひまかけ作った作物をいとも簡単に食べ尽くす。

丹後の古老に聞いたことがある。昔は、里山の一番高いところには猪や鹿や狸のために1列余分に作り、食べさせた。ただ、そこを越えてきたら捕まえるぞと言って……。

昨今の獣は仁義をわきまえない。私も心を鬼にして狩猟免許を取り、檻を仕掛けて挑戦した。竹林では大きな鹿を、棚田では100kgクラスの猪を数頭獲ったが、なぜか獣の学習能力が高く、人の知恵は追いつかない。

京都土の塾には不可能という言葉がないのだろうか。分け入ることもできないような篠竹や雑木に埋め尽くされた荒廃田を、鎌、鋸、ツルハシ、スコップ、鍬等を使い、人力だけで棚田に復活させてしまう。大部分の塾生は全く初めての作業なのに……。

金蔵寺の山寺の鐘が突かれる夕刻まで、一心不乱に大地に挑み、汗をかき、満足げに家路をたどる。軟弱になった人間もやればできる。食べ物を得る貴重な体験をさせてもらった。

感謝
宮本俊子

今年もまた桜が咲いてくれた

　2003年の春から、友達と3人で京都土の塾に入塾させていただきました。初めは里芋から作ることになりました。スコップで土を耕すのは、3人とも初めてでした。

　その畑は田んぼ状態で、足を踏み入れた途端にズボっとのめり込んで、長靴は脱げそうに。何というところなのだろうか、後悔と未熟さで作業は進まず、それぞれの夫に協力を求めてなんとか畝は仕上げることができました。

　周りの人は、慣れた手つきで一人で高畝を作っている。その様子を見て恥ずかしく思ったことを、よく覚えています。

　私たちは不安からのスタートでしたが、親切な塾の人から、スコップや鍬の使い方、土の起こし方のコツまで交えながら、丁寧に教えていただきました。そのおかげで、当初は想像できなかったほど上達したのです。

　できた野菜は、格段に甘くて美味しい。

　土の塾の人はとても器用です。必要な道具はそこら辺の材料を使ってひょいひょいと、それも見事なものが出来上がるのです。1年の多彩な催しでは、塾の精鋭と塾生とが一丸となって、最高に楽しむ。

　西山の紅葉はどこよりも美しい。野鳥のさえずりも心地よい。人は優しい。笑い声が聞こえる。どこ行くよりも居心地がいい。

　私はここが大好きだ。

　私はここで、本能と五感を目覚めさせ、それを活かすことを学びました。

　8年ほど前から骨折、腰痛、ひざ痛、歩行困難を繰り返すようになり、無理がきかない体になって辛い。どうするかを自問自答することも多くなった。

　京都土の塾と出会わなければ、八田塾長と出会わなければ今の私はなかったと、言い切れるほど成長させていただきました。本当に感謝しかありません。

　そこを卒業すると決めるのに時間はかかりました。

　卒業後は土の塾で学んだ豊富な経験を活かし、京都市食育指導員として地域や児童館や小学校で、大事な命の繋がりを人間がいただいて生かされている、そんな講話も含めて、食育のボランティア活動をしています。

　西口仁美さんのお父様が亡くなられた後、塾長が渾身の思いを込め立派なかがり火台を作られました。

　それは見事なものでした。日没と同時に煌々と燃え上がる炎に照らされた山桜は幻想的で、集まった人たちはその先を一点に見つめ、故人を偲んでいました。その光景は生涯忘れることはありません。

　その時に浮かんだ短歌です。この短歌を書いてパーゴラに貼っていましたが、風と共にどこか飛んで行きました。

　　　山桜　夜に映えわたる　かがり火に
　　　　　　心ひとつに　君を思いて

"流汗滂沱"
土の塾生3年間の思い出

伊藤 省二

善峯寺から三鈷寺、早尾神社へと獣道を下ると、大原野石作集落に出た。急な斜面に寄り添うように建っている農家の軒先で、眼下に広がるパノラマを眺めながら一休み。

麓の棚田になにやら古ぼけたテント張りの小屋がある。何だろう？　覗いて見ると、真っ黒に日焼けした、おじさんとおばさんたちが、焚火を囲んで焼きおにぎりを食べています。実に楽しそうです。これが、土の塾との最初の出会いでした。

こんな出会いから、体力不足で尻を割るまでの3年間、短い塾生活ではありましたが、いろんな人と出会い、共に汗を流し、楽しませてもらいました。ただただ、感謝です。

今も心に強く残るエピソードを紹介させてもらいます。

入塾2年目、私の中にも眠っているであろう農耕民族の魂を呼び覚ましたいと、お米プロジェクトに参加しました。まずは、前年のがけ崩れで流れ込んだ土砂を運び出し、水路の確保から始めました。田起し、代かき、田植え、草刈、稲刈りと厳しい農作業が続きます。もちろん土の塾のこと、全ては鍬と鋤による人力作業。ホント、しんどかったです。なかでも厳しかったのは、真夏の草抜き。たった一畝とはいえ、炎天下の作業は、長年クーラーの効いた部屋でパソコンをたたいてきた私には、地獄の責めでした。

10月に入ると、待ちに待った稲刈り。鎌で一束、一束刈るときの感覚は最高！　ところが、ところがです。私の稲穂の小さくて弱々しいこと。脱穀後に籾の量を測ると、お隣さんの半分もありません。どうして、こんなに少ないの？　原因は簡単。夏場の草引きをサボったため、せっかくの谷間の豊かな土の養分が雑草に食われてしまったからです。

"流汗滂沱、何事も汗なくして良い収穫は得られません。やっぱり、田んぼの神様はよく見ておられる！

面白いエピソードをもう一つ。

ご存じのように、土の塾の辺りにはおサルさんが出没します。とくに春と秋には、美味しい恵の収穫をめぐって我々塾生とバトルを繰り返します。

晩秋のある朝、畑に行くと1匹のサルが大根を美味しそうに頬張っているではありませんか。「何を食ってるねん！」、「アッチ行け‼」と走り寄ろうとすると、畑のアチコチからおサルの軍団が顔を出し、いまにも飛びかかってこようとしているではありませんか。怖くなった私はオズオズと後退り。

と、そのとき、「おい、こら！」と、背後から大声が聞こえました。先ほどまで私に襲いかかろうとしていたサルたちは、踵を返して一斉に退散し始めたのです。何故、退散したのだろう？

きっと、その大声の主が八田逸三塾長だったからでしょう。サルたちは、塾長の厳しくも慈愛に満ちた声に納得し、お山に戻ったに違いありません。

今、コロナ、コロナで世界がひっくり返っています。世界中の科学者たちから、森林破壊、地球温暖化、都市の人口集中などなど、コロナ禍の発生原因が指摘されています。

私は、3年間と短いとはいえ、土の塾で共に汗をかいた一人として「土の大切さを見直し、土とともに生きて行くんだ！」と心より願っています。

京都 土の塾の皆さまのご健康と、さらなるご活躍を心よりお祈りいたします。

命の種をまく

籾から蒔いた稲の苗、田植え前

山桜の保護と植樹

西村 正弘

　私は野性の森での桜の保護と植樹について書いてみたい。

　私たちが活動の拠点としている広場付近には法華山寺という寺があり、別名を峰ケ堂とよんでいたそうだ。書物には、「応仁の乱で焼け落ちた」と記されている。何段もの平らな土地がその歴史を感じさせてくれる。

　私たちは広場の一角に野外舞台を作り、音楽会も開いた。尾根側には唐櫃越えという古道があり、谷側にもう一本、東京の「明治の森」へと続く東海自然歩道が通っている。

　沿道には多くの山桜が見られる。峠近い所には、数百年は生きてきたと思わせる風格の「地蔵桜」と呼び伝えられてきた名木もある。この木は2018年の台風で全ての枝が折れてしまったが、強い生命力で再生しつつある姿は、実に頼もしい。

　私が入会したのは、塾が10周年を迎えた時だった。平瀬 力さん、松重幹雄さんと私の3人で、孟宗竹に埋もれていた桜に陽の光を当てる作業をしたことが思い出される。自然歩道沿いのこの桜に、私たちはひそかに、「三郎の桜」と名付けて見守っている。

　令和元年には大原野の畑で山桜の苗を育て始め、2020年の今年2月にはみんなで約20本を植樹した。「桜を守ってきた」私たちは、2020年からは「植えて育てる段階」へと、夢のある目標に向かって歩みだしたのだ。

　どんな大木も、最初は5センチにも満たない苗だ。今年も山で幼苗を集めている。苗を育て、植樹をし、未来に桜の森を残すというロマンあふれる活動に参加できた。このことが、私にとって一番の喜びだった。

　歴史の地のこの桜たちは、毎年仲間を増やし、次の世代にリレーされながら自然災害や獣害から守られ、古道をゆく多くの人たちを楽しませてくれることだろう。

森への植樹に向けて育苗中の山桜

リョウブの若菜を炊き込むリョウブ飯は、今や森の名物料理です

土に育てられ

市村 寿朗

　息子が2歳の頃、土の塾に入塾させて頂いた。はじめての収穫は、梅雨明けの頃のじゃがいも。重い土を耕し、はじめて家族で作った感動の農作物でした。

　その翌年のクリスマス前に、「サンタさんからのプレゼント何がいい？」って息子に尋ねると、「大きなスコップが欲しい！」。そしてクリスマスの朝、息子の枕元にはリボンで結ばれたスコップがプレゼントされていた。

　そのスコップで一緒に畑を耕し、植え付け、収穫して食する。走り回ったり、大声で泣いたり、畦道に座っておにぎり食べたり……。懐かしい思い出が蘇る。そんな息子も、今は高校2年生。部活は「自然科学部」で活動している。

　毎食時には必ず言う「いただきます」、「ごちそうさま」は、料理した母への感謝と同時に、食材の命への感謝であれば嬉しい限りである。

　合理の外にあるここ土の塾では、農作物は思いどおりには育たず、収穫もできず。その事実が、人の忍耐力を培養させるようにも思う。「京都 土の塾」は、その名のとおり、人格形成の基礎を培う「塾」である。

雨降って 地固まらず 耕せず

仕事柄 気になる 畝間の境界線

見て！ このジャガイモの収穫を

こんな場所で
子育てできたらいいのにな

稲垣 里香

　息子が二歳になった春、土の塾との出会いがありました。自転車の後ろに息子を乗せ、気合いを入れて山へ行き、帰りは何も考えられないほどクタクタになって山を下り、泥と汗を風呂場で流し、息子と昼寝をするのです。

　「今日も終わったな」、まっさらな気持ちになれるのが好きでした。

　「今度は無事に育つかな」、お腹の生命を心配しつつ祈る気持ちで種を蒔いたことがありました。あの頃の私は三度流産が続き、生命への思いを深く巡らせる時期でした。

　久しぶりに立つ畑に種は芽を出し、りっぱに成長して、「私はここよ」。清々と佇む姿がありました。何か大きな営みの中の自分の存在を感じる瞬間でした。

とうみで籾を飛ばす。「ボクが風を送ってあげる」

夢のような話を実現してしまう仲間たち

山田 光夫&信子

定年退職した2009年に、女房と共通の友人である宮本和弘・孝江夫妻に紹介して頂いて、森の部に参加し始めました。

この頃は母を自宅で介護していましたので、月1回の第三日曜日は私達が出かけることができるように、ケアマネージャーさんにいろいろお世話になりました。

初の一斉作業日は夕方から雷雨となり、タープの下で雨水を逃がす溝をずっと掘っていました。この1日で天候には左右されない集団なんだと理解し、今後の作業に腹をくくりました (笑)。

最初の頃は、唐櫃越えの指定された箇所の竹との格闘でした。竹の間伐を終えると空が見え、地面に太陽光が届くようになりました。息も絶え絶えだった樹木が喜んでいるのが解りました。

土の塾と前後して、竹に彫刻して「竹あかりを作る会」に出会って参加していたので、森で間伐した孟宗竹が大変役に立ちました。作品の展示会がある時には、お客様に放置竹林の現状を話すこともすっかり板に付きました。

森のステージを造るにあたって、皆で雨中の山から間伐材を運び出した時のことなどは、今も忘れられません。森にステージを造るなんて夢のような話だと思っていたら、本当に造ってしまった。今でも信じられません！

塾長から名前を1年貸してほしいと言われてスタートし、「小麦を作って大文字を灯す会」にも参加するようになりました。相田雅子さんの手ほどきを得て、何とか小麦の収穫も回を重ねるようになりました。

森の一斉作業、小麦の作業は女房との共同作業なので、倦怠期も克服しながら楽しんでいます。

カレンダーの予定表に、「森の一斉作業」、「小麦の作業」、「収穫祭」と書き込める喜びに感謝しています。

なぜかいつも一緒にいます

森に出会い竹細工を始めました

人生100年時代の学び直し

内田 俊一

2007年に生まれた日本の子供達はその半数以上が107歳を超えて生きるそんな研究があるそうです。人生100年の時代が具体的に視界に入ってきたということでしょう。そこまで長生きしなくてもと思いますが、これは選択の問題ではなく普通に100歳まで生きてしまうということなのだとか。

それなら慌てて「終活」などと騒がずにのんびり構えていれば良いのかというとそうでもないらしいのです。20世紀後半に私たちの豊かさと安心を支えてきた経済や政治の仕組みが大きく揺らいでいます。これまで続いてきた日本列島の静穏期もどうやら終わった様子。足下が大揺れに揺れ、身についた経験だけでは乗り切れない時代が始まる。そんな中、思いがけず手にした長い余生を生きていく。これが人生100年時代といわれるものの姿のようです。

それは大変、まず身体を鍛えよう寝たきりでは始まらない。人類の長い歴史をひもとけば時代を乗り切る知恵が得られので。国境が低くなるなら語学は必須。芸術文化の素養も高めねば。土の塾にお誘い頂いたのは、人生100年時代への理解不足に気づかされ、学び直しを始めねばとあたふたしていた時でした。

参加して1年余。筍の掘りだしから始まって夏・冬野菜、蕎麦、ニンニク、大豆それぞれの畑の荒起こし、棚作り、水やりそして収穫。いろんなことを教わりました。身体は少し逞しくなってきたようです。

ミミズ、虫、カエル、鳥、獣たちそして花や草や木竹。土の塾の世界が驚くほどたくさんの生き物たちの住処であるとい

う発見。一日の始まりを告げる壮麗な日の出。日が傾く家路の心地よい疲労感。流した汗の成果が飾る何やら誇らしい食卓。たくさんの得難いものを頂いています。

生命の糧を他の生き物から得、排泄によって、そしてやがては骸そのものを土に戻すことによって、それを次の生命に繋いでいく。こうした生命の循環から人間だけがはずれてしまっている。八田塾長のこの視点は不意打ちでした。塾で得られた最も重い気づきです。

北極熊の胃袋にプラスチックゴミ、そんな事実を伝える番組をつい最近見かけました。地球上のどこかの海でプラスチックゴミを飲み込んだ魚が北極海に泳ぎ着き、その魚を熊が食べたからというものです。生命の循環から外れたばかりか生命を妨げる異物を容赦なくそこに放り込む。人類自身が有害な異物として排除される日も近いのではと暗い思いになりました。

土に触れ 土の力を知り その土で作物を作り
その作物を味わうことこそ まさに人間が
自然界の生き物として 真に生きることだ
生かされて生きる喜びを味わおう

京都土の塾の宣言は20年たってますます重い。激しく揺れ動く時代に100歳まで生きるための学び直しは、土に根を生やし、自然界の生き物としての営みを取り戻そうとする塾の活動を通じてこそ得られる。いまはそう確信しています。

仲間・家族とともに

田植え前の均平作業。かっての牛に代わってみんなで縄を引く

土と人 触れ合う幸や 緑雨かな

川本文江

相棒と一緒に

山田 順子

　旧知の友から、「何で？」と不思議がられながらはじめた私の土の塾。野菜嫌い、土を耕して汗するなんて、これまでの私からは考えられなかったのだろう。

　はじめた頃は、畑までの道のりは遠く、東向日駅前の薬局で栄養ドリンクを飲んで元気をつけてから出かけたものだった。何もかもがはじめてのことで、楽しさよりも苦のほうが多かった。あの頃から20年近くが経ったのかと、今思いをあらたにふり返る。

みんなで、それぞれの力量でやる共同作業

　20年もの間続けられたのはなぜ？

　一つは、何よりも私の相棒あればこそ。彼女はきゃしゃな体ながら、とても頼もしい。力仕事はもちろん、野菜たちに必要なポイントを心得ている。私はいつも、「そうかぁ～」と感心させられる。畑仕事だけでなく、優しい心配りのできるがんばり屋さん。たくさんのことを彼女から学んだ。

　土の塾に集う人もまた、素晴らしい。自分のことだけでなく、みんなのために労を惜しまず働く人たち。畑の様子が人の力によって刻々と変化していくのは驚きであった。

　道ができ、橋ができ、「かぐや姫」ができていった。人の力の大きさを、あらためて知った。丹精こめて育てた野菜が獣たちにやられても、なんと寛大なこと。

　竹を伐り運ぶ過酷な労働のなかでも、少年や少女にかえったような若々しさで楽しく働く人たち――。

　土から学ぶにはまだまだ未熟であるが、こんな素敵な人たちに出会い、支えられ、今日まで続けてこられたのだと思う。かげで、今や野菜のおいしさのわかる人になった。

　畑作業はやはり、しんどいことも多くある。でも、しんどいだけではない、自然とのふれあい、人とふれあうことの喜びを感じることのできる世界。それが私の生活のなかにあることに、感謝している。

拓く営み「ケ」も「ハレ」に

寺澤 将幸

全く偶然の出逢いでした。京都の西山で別のNPOの農作業に参加していた上松健太郎君が、「近くで面白いことをやっている人たちがいるよ」と声をかけてくれました。

一緒にのぞいてみたのが広場での七夕でした。夕方の柔らかい光に包まれた笹の葉と、準備を進めるみなさんの楽しそうな姿に目を奪われました。

当時の私は大学での研究生活にひどく疲れており、日々の生活が味気ないと思っていました。しかしそこからかけ離れた、本来の風土の魅力に出合えたのです。

虫送り、収穫祭、コンサートなど絵になる営みは、人の心が通い合う場を表しているように感じます。それは日々の楽だけでなく、苦もある野良仕事に裏付けされたハレとケを、身をもって知る機会でもありました。

大の大人が無邪気に小屋を建てたり、舞台の客席を整備したり、菜種から油を搾り取ったり。いや、「ケ」たる作業は、むしろ「ハレ」だったのかもしれません。こうした作業は力を合わせて楽しんでやれるからこそ、継続できるのでしょう。

特段、自然の中で育ったわけではなかったのですが、この土の塾での営みが、今では私にとっての原風景となっています。猪の被害が出だした頃、畑に泊まりがけで八田塾長と過ごした贅沢な時間は、私にとっての宝物です。

食と生命について多くを知り、そのことを熱く語る土の塾のみなさまとの出会いは、掛け替えのないものです。様々に学ばせていただきました。ありがとうございます。そして、この度は20周年、誠におめでとうございます。

田植えの前に、田の神様に豊作祈願

一卒業生の思い

岩田 正史

「京都土の塾」20周年記念誌の発行、おめでとうございます。私が入会したのは開塾されてほぼ5年後、退会してからは5年半になるので、真中の10年のあいだお世話になったことになります。

ここに1枚の写真があります。2011年12月24日、「ゆず屋」で撮っていただいた忘年会での集合写真です。いまも名前の分からない方が6人、すでに退会されている方々や、もうお亡くなりになられた方々もおられます。でも、皆の若々しい顔をながめていると、あの頃の熱気 (folie) が、嬉しく感じられるのです。

今後も収穫祭には足を運びたいと思っておりますので、30周年記念号発行を目指して、また一歩踏み出してください !!

畳の上での集まりもいいものだ。忘年会で

「土の塾」の20歳、おめでとうございます

藤木 信子

　私たち「ひまわり保育園」のわんぱく達と15、6年前に、じゃがいも掘り、さつまいも掘り、川あり丘ありの大自然に触れて遊ぶなど、楽しい体験をさせていただきました。

　左京区の東の端から西京区の西の端まで、徳弘祐二郎さんの運転で送迎していただき、「土の塾」に着くと仲間の皆様方が笑顔で歓迎してくだいました。何も知識のない私たちを手取り足取りでご指導いただき、辛抱強く見守り、居心地の良い時間を過ごさせていただきました。園児たちには、今も宝物として心に残っていることでしょう。

　職員たちはいまでも、「皆さんが作ってくださった竹のお椀で、美味しいお味噌汁をもてなしていただいたね。とても嬉しく楽しかったね」と懐かしく語ります。「機会があれば、また遊びに行けるといいなー」と期待しています。

　塾長の熱い思いが参加者の皆様の共感を呼び、人の輪がどんどん広がり、今のような大きなうねりになったのでしょう。

　参加者皆様のご健康とご多幸をお祈りし、ますますのご発展を期待しています。

（ひまわり保育園）

「あった！」、「大きい！」。　さつま芋掘りで園児たちは大はしゃぎ

喜んだのは「がけのぼり」

NPO法人 みのりのもり劇場
スタッフ一同

　土の塾様のご厚意で、数年前から小中学生の自然体験活動の場として「山田の森」をお借りしています。私たちにとっても、この森は秘密基地のようなワクワクを提供してくれる場所です。

　「最近の子どもは変わった」とよく言いますが、変わったのは子どもではなく、社会であり、私たち大人なのかもしれません。出来上がりすぎたものに、人は想像力を働かせることはできません。

　山田の森で自然と共にあそび、ここであふれ出てきたワクワクした気持ちは、活動当日だけでなく、今も子どもたちの心の中に残っております。子どもたちだけでなく、学生ボランティアのスタッフや私たちも本当に貴重な経験をさせていただきました。

　子どもたちが書いてくれた「みっけカード」というものがあります。一人ひとりがその日の活動で一番ワクワクドキドキしたことを書いてくれています。

　一番多い意見が「がけのぼり」でした。自分の体ひとつでひたすら崖を上っていくことを、これほどまでに楽しんでくれるとは、正直驚きました。山道や崖などを歩くたびに体のバランスを保つ力が養われ、危険回避の能力も鍛えてくれます。あそびながら、そういう力を体で覚えていく。なんと素晴らしいあそびでしょうか。

こんなの一日中やっていたい

　「子どもは本来、自然である」という言葉があるそうですが、体の全部を駆使して自然に立ち向かい、まさに自然にあそんでもらっているような光景があちらこちらで見られました。

　子どもたちと共にとことんあそび、とことん学び、生きる力が育っていくよう、今後も活動を続けてまいります。ご協力をお願いする機会がありましたら、宜しくお願い申し上げます。

（代表・伊豆田 千加）

自閉症の息子と一緒に

加賀谷 久和・和之

息子が初めて自然な笑顔をみせた

　秋田の田舎に生まれた私は、現役を終えた者は皆「土いじりの生活」を始めるものと、遺伝子に組み込まれてしまっているようです。実際に、従兄弟や同級生たちも家庭菜園生活を送っています。

　スクラップしてあった1枚の新聞記事を頼りに、石作を訪ねました。それは、息子が最初の事業所から「手がかかり過ぎる」という理由で追い出され、今の事業所に移ったもののストレスを抱えていた頃だっただろうか。とにかく、暴れて自宅や事業所の壁に大穴を開けていた頃だった。

　初対面の塾長は、そんな息子の事情を聞いて、「ここにくれば直る」とおっしゃった。心中では、「障害のことを何も知らない人だな」と思ったのだが、やがて私の愚かさを思い知らされることになろうとは……。

　まず、もっともありがたかったのは、みなさんが人生経験の豊富な方ばかりであったこと。みなさん、いともたやすく凸凹な親子を受け入れてくださり、我々親子はなにはばかることなく石作に通うことができたのでした。

　二つ目にありがたかった点は、結果、息子が健常者の仲間に入れてもらえたこと。思い返せば、息子はずうっと特別な存在でした。だから、周りもそれこそ特別な仲間ばかりの生活でした。お手本になる存在がなかったのです。

　私たちが加入した頃の共同作業は、土砂崩れの修復ばかりでした。正直、楽しい仕事ではありません。でも、その時の1枚の写真をご覧になって下さい。息子がこんな良い表情で、みなさんの一員として働く姿を初めて見ました。思い出した

のが、「ここに来れば直る」の一言。意味深いお言葉でした（笑）。

　さて、言葉ができない息子には、まず「やってみせる」ことがスタートです。そして、「はい、交替」と言うと、10回はシャベルを使い出しました。仕事は、年に一つずつぐらいのペースで覚えていったのですが、私は仕事よりも「コミュニケーション能力アップ」に目的をシフトしていきました。

　しゃべらないばかりか、息子は目と目を合わせないし、誉められても喜ぶこともありませんでした。でも、石作に行くと最低でも一つの仕事をします。誉めるチャンスは必ずありました。

　アメリカで開発されたABA療育法にしたがって誉めてやると、徐々に視線が合い出し、喜ぶようになりました。健常の子と同じく、誉められたら良い気分なのでしょう。ふと気づくと、乱暴狼藉破壊が止んでおりました。

　夜、「明日、何するんだっけ？」と聞くと即座に、「お弁当を買って畑！」と、身振りで答えるようになっています。

夫のやりたかったこと

太田 朱美

　私が横に座る車の中で、「退職後やりたいことがあるから楽しみにしていて」と告げた主人。気にとめることもなく聞き流していたが、「ああ〜、これがそうだったんだ」と気がついたのは、それから数年後のこと。

　月1、2回程度であったろうか、車に荷物を積め込み、1時間かけて通い出した。思い起こすに、数回は知人を誘って。身体が不自由な隣人には、自然の空気を思いっきり吸い、さわやかな気分を体感してほしいと……。

　春、筍の時期には、掘ることのワクワク感と収穫した筍のおいしさを分かちあいたいと、昔の仲間に声をかけたり……。東京に住む小学生だった孫に「農」を体験させたいと、手伝いに連れて行ったことも……。

　こうしたことを、きっと余生の楽しみとしたかったんだと、今つくづく思う。なんと冷たい相方だったことか。

　当時の私は、自分のしたいことに時間がほしいのと、幼いころに農家の一員としてイヤというほど手伝いをさせられたこともあって、土の塾に一緒に出向くことは一度もなかった。主人も、「労」と「喜び」を共に体感する時間を望んでいたのだろうなぁ〜と反省する。

　塾で収穫した筍は近所や友だちにふるまい、私も「なんと柔らかくておいしいことか」と思いながら味わった。田畑の近くにある神社や自然のすばらしさを、写真に撮って見せてもらったことも。

　年齢を重ねるとともに自然の良さを懐かしく思い、緑の心地良さをより感じるようになってきつつある。

竹筒ご飯の味は最高だったよ！

　次の世代へとバトンタッチすべく、「土」の良さがより永く引き継がれることを、故人である主人と共に願っています。

　最後になりましたが、この原稿依頼を送っていただきました「土の塾」代表の八田様に、こうした機会を与えていただきましたことを感謝いたします。

　コロナ社会の今、同感する思いで依頼の文面を読ませていただきました。皆様が土と触れあう時間を長く、健康に続けて楽しまれることを願っています。

（故 太田善久 夫人）

土の色に魅せられて

奥村 美保

2001年に私は土の塾に参加しました。はじめてのプロジェクトはジャガイモ。圃場は現在の広場でした。はじめてシャベルを湿った土に差し込んだ時の驚き——。土が青い色の層になっていたからです。土の色というイメージを裏切る美しさでした。数十年間放置されていた畑だったからでしょうか。

翌年のジャガイモプロジェクトの圃場は、前年に大豆を育てた畑。仲間がよく耕したのか、土は柔らかくて青い粘土のような塊はもうありません。でも荒起こしした一つひとつの塊をみると青い土と赤っぽい山土が水の分子模型のようにくっついています。土は様々な色や性質の集まりなのですね。その分子模型のような集まりをどれほど細かくするかが、耕すということなのでしょう。

1年目のジャガイモ畑の青い色に驚いて土の色を「記録」してみました。天日に数日干し、乳鉢ですりおろして粉々にして試験管のような透明な瓶に入れるのです。乾かすと青みを残した灰色になりました。

2年目は果樹のために深く掘ったところや筍を育てた命の丘（当時）など6か所の特色ある土を採取して記録しました。それぞれとても美しいと私は思いました。色見本帳に合わせてみると、それぞれ「あまいろ」「くわぞめ」「あおくちば」「くるみ」「らくだ色」などの名前をもっていました！ 私がゴリゴリ磨って瓶詰めした土は立派な「色」だったのです。

記録作業をしていると、掘り起こした土を構成している部分の色の違いにどんどん気づいていき、もっともっと新しい色、美しい色を土の中から発見したくなってきます。新たな

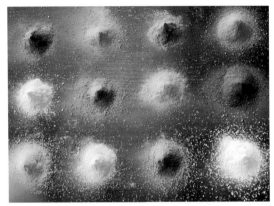

23本の試験管の中の23色の土の色

色を見つけるという作業になっていきました。

土に触れることを通して、先祖の遠い記憶が私に甦ってきたのでしょうか。だって洞窟の壁に獣の群舞を書き残した旧石器の人たちや、赤土・青土で都を飾った古代の人がいます。彼らはその土の色を美しいと感じ、その土で獣にいのちを吹き込もうと思ったにちがいありません。そんな人類の原始からの営みが、土を耕して野菜や穀物を育もうとしている私に甦ってきたのだと思うと、嬉しいのです。集めた美しい試験管は23本です。

松田真次さんは初代の筍リーダーを、実に楽しそうになさっている方でした。彼を葬送する時、塾長は畑の草花で祭壇を飾られました。私は、ご家族や塾の仲間も賛成してくださったので松田さんが大好きだった命の丘の土（ラクダ色と白色土の2色の土）をその白いお着物の上に掛けました。大原野の美しい土に飾られて旅立っていかれたのでした。

大平一夫さん、ありがとう！

森川 恵子

　畑で「三十三間堂の完成披露をかねての柏餅を食べる会」を、昨年（2019年）5月5日に開くことができて、私はほんとうによかった！と思っています。

　当日は、あっぱれ五月晴れで、10年ぶりかで取り出した鯉のぼりも、悠々と広場の天高く泳いでいました。鯉のぼりを掲げる台も、大平一夫さんの号令の下、みんなで立派な台を作りましたね。

　大平さんは、朝早くからかまどの火入れに来ていて、「今朝は4時起きやったんや」と眠そうな目で、でもとてもうれしそうでした。

　圧巻は、餅つきでした。大平さんの手作りの杵で、みんなで搗きました。試作の餡を3回以上食べさせてもらった柏餅も、とびきりおいしかった。

　3歳と1歳のお孫さん2人も初めて畑に来てくれましたね。広場の下の畑に上のお孫さんを連れて行き、「畑に来たこと、覚えていてくれるかなあ」とぽつんと言われたひとりごと、今もその声音が忘れられません。

　塾のことや米作りに一生懸命で、餅つきが大好きだった大平さん。

　数年前の収穫祭では、ずっと続いたひどい獣害から守り切ったお米の大収穫を喜んで、「餅つき歌」を作ってくれました。「リーダーの三橋さんやお米チームの頑張りを称えたい歌なんや。みんなよう頑張ったやんか」と照れながら。

　その収穫祭の餅つきの時、餅を搗きながら歌をいざ歌い始めたら、餅つきとの間合いが全然合わなくて、みんなもう慌

「土の塾の葡萄酒を作るんや」…と張り切っていたよね

てて、でもおかしくて、おかしくて……。みんな笑い転げながら、それでも最後まで歌いきりましたね。

　大平さんが遠くへ旅立たれる3日前、「土の塾のジャガイモが食べたい」と電話をもらい、武山忠弘さんと届けました。「稲の具合、どうなんや。獣、きてないか」と、その時も塾のことばかりを心配してくれていた大平さん。ジャガイモはその晩、ちゃんと食べることができたと4日後のお通夜の席で聞きました。大平さんも土の塾のジャガイモも、さすがです。

　大平さんのご命日は、令和元年（2019年）9月11日、享年69。

　大平一夫さん、私たちと一緒にいてくださったことほんとうにありがとう！

　大平さんは、大原野の空と土と私たちの心の中に、ずうっといつも一緒にいますよう！

　ここに謹んで大平一夫さんの作られた「餅つきものがたり歌」を捧げます。

餅つきものがたり歌

詞・曲　大平一夫

一月　正月 お宮に初詣で　オイサ オイサ
今年も豊作祈願して　オイサ オイサ

二月　寒さに 喜んで　オイサ オイサ
土を起こして土つくり　オイサ オイサ

三月　苗代 準備です　オイサ オイサ
梅の匂いに誘われて　オイサ オイサ
落ち葉拾いをいたします　オイサ オイサ
柔らか布団も敷きました　オイサ オイサ

四月　桜も 花盛り　オイサ オイサ
種もみ 大事に 蒔きました　コラサ コラサ

五月　さつきが 咲きました　オイサ オイサ
早く雨降れ 田植えです　コラサ コラサ

六月　水が 来ました 水田に　オイサ オイサ
白い お指で 植えました　コラサ コラサ

七月　虫も 付きます 食べられまいと　オイサ オイサ
両手で 撫アでて 守ります　コラサ コラサ

八月　暑い 日差し受け　オイサ オイサ
色は 黒なる 頬かぶり　オイサ オイサ
喉も 乾くよ 水管理　オイサ オイサ
三つの橋は 強かった　コラサ コラサ

九月　出たよ 出たよ 穂が出たよ　オイサ オイサ
あいつも 狙うよ 恋敵　オイサ オイサ
トタンで 網で 捕うろうで　コラサ コラサ

十月　できた できたよ 黄金の　オイサ オイサ
頭を 下げて 迎えます　オイサ オイサ

十一月　今日は うれし 楽しの 集いです　オイサ オイサ
白く磨いて お披露目よ　オイサ オイサ
搗いて 搗いて 搗いてください　オイサ オイサ
搗いて 搗いて 搗いてください　オイサ オイサ

さあさ できたよ 柔肌の　オイサ オイサ
誰に 食わしょか 白姫様を　オイサ オイサ
妹に 食わしょか 孫にしょか　オイサ サー オイサ サー

もう暫く皆と!

宮本 孝江

　久しぶりに、玉井敏夫さんの写真集『土の塾』をひらく。

　10年前の写真集のページ、ページに、今は亡き仲間や卒業した多くの懐かしい顔がある。長靴、軍手、汗泥にまみれた仲間の記憶が、次々と甦ってくる。

　それからさらに10年、メンバーの顔触れも少しずつ入れ変わり、私達夫婦の体力、気力にも不安が過ぎる。そうは思いつつも……。

　昨今のコロナ禍の中も、塾へ行けば季節を感じながら、平穏な時を過ごせる。不安も忘れ、日頃の運動不足解消の格好の場所となる。不思議だ……。

　この場所で、沢山の仲間と出会えた。「また、ゆっくり懐かしい話をしよう」という楽しみな計画もある。

　夫婦して入塾20年、「土の塾」とのご縁に感謝 !!

二人とも、よくまあ がんばった

成長を慈しむ

お母さんと一輪車で畑に向かう。
ボクは鶏糞袋の上に乗る

茶の木との出会い

中久保 恵里子

　土の塾で、茶のタネを蒔いてから3年の月日が経ちました。「茶摘みはいつ出来るの？」と、途方もない夢をいだきながら、ひたすら茶の木の周りの雑草抜きをしています。塾長からの叱咤激励を受けながら、先輩方との共同作業に作業する楽しさを日々味わいながら。

　20歳の頃の私は、じっと手を観て、「この手は一体何をする手なのであろうか？」と真剣に悩んでいたのです。そういう私が、人生の後半の始まりになって土に触れ、まさか土の世界を極めようとする生き方をすることになるなんて、思ってもみなかったことです。

　「茶の木との出会い」によって、そして「一緒に作業をしたい」という仲間の声によって、私の手は老若男女のたくさんの同志の皆さんの手と結び、手を合わせるようになりました。

　この茶畑を最高の、最上の無農薬のお茶がいただける畑へと発展させたいと願っています。どうぞ、これからも宜しくお願い致します。

自分で飲むお茶は自分で作る！

「えらい所へ来てしまった!」から始まった畑通い

川口満

　約40年に亘るサラリーマン人生を終えて大阪に戻ってきた当初は、日曜の夕方が憂鬱になる生活から解放されて、羽を伸ばしていました。ところがそのうちに、社会からドンドン落ちこぼれていくような思いに駆られはじめました。「何か行動を起こさねば」という焦りの中で、最も人間的で人の営みの基本となる農業をやってみたいという欲求が、心のなかで次第に湧き起こってきました。そこで、素人でも参加できそうな団体を本やインターネットで探していたときに見つけたのが、「京都 土の塾」でした。

　名前からして、何か孤高の理想に取りつかれた代表者が居るような気がして(塾長、スミマセン!)、チョッと尻込みをしたい気持ちがありましたが、勇気を振り絞って電話をしたら早速、「見学に来なさい」という塾長のお誘い。

　電話で行き方を説明していただいて初めて土の塾に着いた時は、「えーッ、こんな所に畑なんかあるんかいなぁ⁈」という感じで、「えらい所へ来てしまった!」というのが第一印象でした。このまま引き返すこともできず、ともかく見るだけにして適当な理由をつけて帰るしかないと思いました。

　しかし、塾長にお会いして畑を見せてもらうにつれて、「なんとなく優しそうなお爺さんやし、俺みたいな人間にこんなに親切に説明してくれるこの人って、良い人なんやろなぁ」。そう思って、とりあえず参加することにしました。「イヤになったら辞めれば良いや」、と自分を納得させたのです。

　そして、今でも強い感動として心に残っているのが、大豆畑で初めて"荒起こし"なるものを経験した時でした。プロジェ

畑の整地でもそれぞれ個性がでる

クトリーダーに親切に教えていただいたとおり、スコップで粘土質の土を少し掘り起こしていくと、噴き出す汗と引き換えに、心の中に実に爽やかな感動が畑の空気と一緒に入ってきた気がしました。「土と触れ合うって、こんなに気持ちが良いんだッ!」てな感じで、荒起こしが終わった時には、「俺、この塾に死ぬまで参加し続けよう!」。

　大阪から高速道路を使って50分ほど掛かりますが、今でもそれが苦にならないほど、土の力は素晴らしいと思います。ただ、仕事が忙しくなったりすると農作業の絶好のタイミングを逃してしまうこともあり、「もう少し近かったらなぁ」という残念な気持ちになることもあります。

　もともと京都市中京区に生まれて19歳まで京都で過ごし、さらに今は亡き両親が土の塾から近い長岡京市天神に住んでいたことも、何か因縁のようなものを感じています。事情が許す限り、土の塾の活動に参加し続けたいと思っております。

　これからも諸先輩のご指導をいただきながら、土の塾と一緒に楽しい人生を過ごしたいと願っています。

「6本のたけのこ」に想う

齊藤 修

2011年4月に「京都土の塾」の塾生となった。

それまでも何度となく塾長からお誘いいただいていたのだが、断り続けてきた。というのも、農作業にまったく興味がない。出来る自信もない。途中で投げ出すに決まっているからである。にもかかわらず、入塾を決めてしまった。

案の定、わずか1年数カ月で退塾という結末になった。あの時、なぜ心変わりして塾に飛びこんだのか。いまとなっては憶測するほかないのだが、おそらくは入塾直前の3月11日、東北地方を襲った東日本大震災のあまりに大きな衝撃のせいだろう、と思う。

あれこれ思いめぐらしながら、この7月下旬、長梅雨の晴れ間をぬって、かつてのたけのこ畑へ向かった。

8年ぶりの畑は、竹の枯葉に埋もれていた。蚊の羽音を耳に、坂道を滑り落ちないよう一足ずつ確かめながら、上り下りすることおよそ20分。かつて借りていた畑にようやくたどり着いた。崩れるようにかがみこみ、息を整え、汗を拭い、リュックから水を取り出した。一息ついて、積もった枯葉を手で除け、黒い大地に触れた。3分、4分、5分……。遠く記憶の彼方から、あのころの断片のいくつかが戻ってきた。

入塾に際して、「いちばん手間のかからない作物を」と、塾長におずおず願い出ると、たけのこ畑へ案内された。その後は、数回通っただろうか。教えてもらったとおり、ノコギリで竹を間引きし、周囲の柵とした。赤土を運んだ。わらを撒いた。そして翌春、ツルハシを握って掘った。生涯初の収穫物はたけのこ計6本だった。

持ち重りのするたけのこは、土や太陽、雨や風、微生物、その他もろもろの自然の力でここまで育ったのだろう。これら自然の力のうちには、ごくごくささやかながら、わたしの汗も含まれているはずだ。いずれわが胃袋に収まり、満足感を与えてくれる。人間が自然とともに生きているとはこういうことかと、しばし感じ入った。

ひさびさの土の感触が、こんな往時の新鮮な感覚を想起させてくれた。そして、自身の憶測どおり、入塾の背景に東日本大震災の衝撃があったことにも確信がもてた。在塾の間に、わたしが手にしたのは、この6本のたけのこがすべてだったが、早々に農作業を投げ出した落第生には過ぎたご褒美だったと、今さらながら思った。

戦後、日本人は瓦礫と貧困の中から立ち上がり、豊かさを求めて懸命に働いた。豊かさへの熱望は、やがて「抑制なき経済的欲望」へと変容した。激化する一方の競争社会は、過剰なまでに経済効率を追い求め、大切な何かを置き去りにした。科学技術で自然をねじ伏せた。東京一極集中が進み、地方は過疎化し疲弊した。非正規労働者が増え、経済格差が拡大し、少子高齢化に歯止めがかからない。こうしたうねりのなかに、わたしも長くいた。

そんな日本列島に、東日本大震災が襲いかかった。真っ黒い津波が家屋を、逃げる車を、人を、容赦なく飲み込んだ。科学技術で100％制御されているはずの原発を暴走させた。自然のあまりの理不尽に怒りを超えて悲しくなった。そして、これは自然からの「警鐘」ではないか、と思った。ここで一度

「生の原点」である自然に立ち帰って、経済的欲望のままに突き進んできたこれまでのあり方を根本から見直すべきではないか、と叫んでいるのだと感じた。

そんな気づきが、「都市文明の対極にある」と塾長が語る「京都土の塾」へと、わたしを導いたに違いない。

東日本大震災から9年が経過した。残念だが、日本は変わっていない。それどころか、東京一極集中はさらに進み、経済格差は広がっている。そして今、再び「警鐘」が鳴っている。世界に蔓延する新型コロナウイルス禍である。

増え続ける一方の人類は、いまや地球の生産力の1.5倍を消費している、といわれる。世界で生産される食料はうまく配分すれば足りるのだが、ここでも「抑制なき経済的欲望」が幅を利かせている。世界の上位26人の金持ちが、下位38億人の富と同額を保有する極端な経済格差を生み出している。

このため、持たざる国はがむしゃらに経済活動を推進し、開発に勤しむ。原生林は伐採され、都市化がはかられる。結果、人間と野生動物とが接触する機会が増え、未知の病原体に感染するリスクが増大している。今回のウイルスもそのひとつだ。

目下、各国とも感染拡大の防止、ワクチンや治療薬の開発に懸命だ。責任ある各国のリーダーが科学的に打つべき手を打ち、市民が適切な行動をとるなら、コロナ禍はいずれ収束する。大事なことは収束後、つまり「コロナ後の世界」をどうするかではないか。単に「コロナ前の世界」に戻るのでは、すでに65万人超（2020年7月28日現在）を数える犠牲者に申し訳がたたない。

「コロナ後の世界」では、まず「抑制なき経済的欲望」が主導してきた今日の政治や社会の仕組みをすべて根本から見直すことだ。そして、自然との和解だ。

自然は人間だけのためにあるわけではない。ウイルスともうまく棲み分け、あらゆる生きものとの共生の道を考える。地球温暖化、生物多様性の問題にも本気で取り組まなければならない。生易しいことでないことは、さきの大震災の「警鐘」を聞き流してしまった、わが国をみればわかる。

もうひとつ、塾でのわたしの数少ない体験を記しておきたい。それは、塾生総出の共同作業である。個々人ではとても手に負えない夏草刈りや竹林の整備、道路づくりなどに、みんなで汗をかく。自由参加だが、とりわけ厳しい真夏の作業でも、だれも厭わない。塾生一人ひとりにあるのは「思いやり」の心だと思う。「抑制なき経済的欲望」などとは無縁の世界である。

「コロナ後の世界」は、国境を越えた人間と人間、人間と自然とが「思いやり」をもって共生する、そんな社会へと向かわねばならないと思う。それには、「まず土に触れることだ」などと落第生が言うなら、鬼が笑うに違いない。

（京都新聞社）

森で奏でる篠笛

奥 剛嘉

一輪車で上る坂道。
「ここからがきついんだ」

　私は京都で整骨院の仕事をしていた時、森川惠子さんの勧めで土の塾の皆様と出会いました。

　農作業をするのが初めてであった私は、土を耕すことから始まる農作業の全てを、一から教えて頂きました。そういった作業を山や森で起こる自然の変化に応じて行い、共同で畑や森を維持すること、自分の区画を野菜の成長を見守りながら育てることなどの経験をさせて頂きました。

　野菜を大きく育てることができたことも、そうでないときもありましたが、とにかく真剣に自然や生き物を観て、感じて、それに応じて動くことの大切さを知ることができました。真剣に向き合うことで、はじめておいしい食べ物を食べることができ、生命を維持することができる。このことも経験を通して感じることができました。

　こうした土の塾での経験に刺激を受け、生命の輝きをいつも感じていたいと願うようになりました。この思いから、森の舞台作りに参加したり、自身も篠笛の演奏にチャレンジしたりもしました。

　土の塾での活動を想い出すとその情景はキラキラと煌めいています。みんながしんどい作業を愉しんでいて、笑顔が思い出されるからだと思います。7年程で私は京都を離れることになりましたが、土の塾で感じたいのちの輝きを、自然の中だけでなく、仕事や日常生活に於いても感じていたいという思いが芽生えました。

　感覚と観察を大事にしたいという思いから、その後、私は禅に親しむようになりました。感じて動くことの大切さも

学び、茶の湯を好んで修行しています。呼吸や身体の感覚、所作に現れる心の動きを感じ・洞察することで、生きることに真っすぐに向き合えるとの思いで日々精進しています。

　現在の私は地元に帰り、家庭をもち、整骨院の仕事を続けています。家族や自身の健康・生活、整骨院の仕事の準備、お客様への問診や触診、周囲の人との関わりなど、真剣に向き合うべき多くの生命の営みがあります。まだ、しっかりとそれができているとは言えませんが、自身の感覚に気づくにつれて、仕事が愉しく、日々の暮らしが豊かになっていく感じがしています。

　最近、地元の神社の宮司様との縁で、森で始めた篠笛の話になり、雅楽のお稽古に参加させて頂くことになりました。雅楽の龍笛という笛は篠笛と似ていますが、息使いやリズムはこちらの方が難しいので、呼吸に気を付けつつ、真剣に取り組んでいきたいと思います。

　実家の畑での野菜作りも愉しくやっています。のんびりと野菜作りを続けていましたが、今回のコロナウイルスの発生をきっかけに、じゃがいもを大量に植えることになり、土の塾で懸命に作業をしていたことを思い出しました。

　土の塾で芽生えた感性を大切に育てていけるように、今を一生懸命に生きたいと思います。

土時間

石井 克弘

当時は、八田塾長を始め、土の塾の皆さまには、いつも自然な笑顔で我々家族に接して頂き、お世話になりました。

土の塾では楽しさや喜び、時に悔しさを感じつつ、野菜と共に成長しながら生きていたことを思い出します。まるで畑の中の大家族のようでした。

子供の成長や、自分の諸事情もあって、足遠くなってしまったのですが、土の塾での経験とたくさんの学びを得たことが、私ども家族の今の生活の礎となっています。このことを、時が経つほどに強く感じております。

妻の誘いもあって始めた土の塾！若いサラリーマン家族です。インターネット社会の激動のなか、畑に入れば仕事のいやなことなどを全て忘れて、土いじりに没頭。それが私の糧となり、日々の仕事にも熱を入れることができました。

土の塾で学んだことを大切にしながら、今も社会の荒波に揉まれ生きているのですが、さすがに最近の超スピード社会と際限のない膨大な情報量は、既に人間の処理能力を遥かに超えています。この流れに飲み込まれる一歩手前を、アップアップしながら仕事に向かう日々です。

土の塾で流れる時間、作物が成長するために必要な「土時間」はとても貴重であることを、改めて思います。

先日、僅かな休暇に家の芝生を張り替えながら、土をいじり、ブツブツとつぶやいていました——しみじみと。

やがて地に還る我々人間は、もっと地に触れ、地の声を聴き、土との共存を大切にすべきだと。

一家で田植え。みんなで泥んこになった

大地が「人」を育む

池田 峰子

インターンシップで「土の塾」へ

とうに40歳も過ぎたというのに、当時の私は同志社大学大学院の総合政策科学研究科の院生でした。研究テーマは、農作業でのメンタルヘルスケア事業の展開。農作業で心を育む取り組みを行い、そういう時間や場所が誰もにあることが「当たり前」の社会になることを目指していました。

そこで農作業体験ができる場を探していました。こだわったのは「耕作放棄地」と「手作業」。大学院では、地域インターンシッププログラムの活動を展開していました。ご縁をいただき、2013年5月からおよそ4か月間、インターン生として参加させていただきました。

夏野菜を「育てる」ということ

土の塾の農作業は、「全て手作業」。更地からスコップ一つで土を耕し、カマ、クワ、ナタといった手作業の道具で畑作業を行います。例えば、支柱は近隣の竹山の竹を用い、池からバケツで汲んだ水を畑に運び柄杓で水やりをするなどです。

化学肥料や化学農薬、トラクターや水やりなどの機械、近代的な「楽と便利」のための道具はほとんど使わない徹底ぶり。農業とはほとんど関わりのない人生を過ごしてきた私には、全てが新鮮でした。

このような環境のもとで、2013年5月から8月まで夏野菜の栽培に携わりました。面積は10㎡、品目はキュウリ、トマト、ナス、オクラ。家庭菜園方式に区切られた草だらけの一角をカマで草を刈り、スコップで土を起こし、肥料をまき、クワで耕して畝をたて、苗を植え、水やりをする。

時にニジュウホシテントウムシがナスについたり、ウリハムシがキュウリの葉を食べたりする。これらの虫を手で捕殺して害虫から作物を守る。

作物の背丈が伸びると竹を山裾から担いで運び、支柱をたてる。キュウリやオクラは、収穫が遅れると大きくなりすぎたり固くなったりする。トマトは実がつくとアライグマやサルに取られて、結局赤いトマトは一つも食べられませんでした。

大地から、人から学ぶ

大地から学ぶことは、たくさんあります。土づくりはとても重労働なのですが、仕上がった時の自信につながります。夏の水やりがいちばん大変で、自転車をこいで山道を登って「行かねばならない」。そう思うとストレス値が上がって、家からの一歩がなかなか踏み出せない。しかし、水やりを終えて植物が生き生きとすると喜びに満たされます。獣や害虫にあい、がっかりすることもありますが、残った作物を頂く時の有難さは格別。

人との関係性からも学ぶことが多くあります。ここでは人との関わりの中で大切なルールが一つあります。自己紹介は名前と住んでいる場所だけで、あとは話さないこと。しばらくして仲良くなれば話すこともありますが、基本秘密。なぜなら、立場や役割の関係性で接しないことが原則だからです。畑作業を行うことで、いつもの社会的な関係性から離れ、個々が「人」としての時間を過ごすことを大切にしているからだ

揺れる麦穂の波

そうです。

　そのような関係性の下では、畑によく来られる方がしばらく来ない人の畑を気遣い、コッソリ水やりや剪定をしてくれることも。相手を思いやる心、人の優しさを感じることができる時間が土の塾にはあります。

「人」として暮らすこと

　日本人は、社会的立場や役割で多くの時間を過ごす傾向にあります。論理や理屈、データに社会的立場を鑑みながら「人」の価値を主観で勝手に決めたり、「人件費」として「コスト」と図ったり。また、コロナ渦のマスクしかり。「自分さえ良ければ」という視座で買い占めたり、差別や誹謗中傷の世界に簡単に陥ってしまう人間が社会に溢れています。私はそんな「心無い」傲慢な社会は、「いえ、結構です」とお断りしたい、と。

　土の塾は、大地の中に「人」としての時間があることを気づかせてくれます。大地は何も言いませんが、人の心を育み、人間力を養ってくれています。

　土の塾を離れてしばらく経ちますが、心に芽吹いた「思いやり」の木は少しずつ育っています。人それぞれ違うと思いますが、大地から私への声は、「人を思いやる優しい気持ちを貫きなさい」。これを貫くには、同調圧力に屈しない「強さ」なくして成り立たないとも感じています。土の塾で学び得た「人」としての「心」を育む種を、これからも育て、共に支え合える社会を築いていけたら、と思っています。

土の塾が育ててくれた私

中村 路

　好奇心が人一倍旺盛な私は、出産を機に有機野菜に興味を持ったことに始まり、食する側からやがて有機野菜を家庭に届ける仕事に関わった。だからといって、有機野菜作りの大変さは全く知らなかった。

　気軽に野菜作りを体験できるところはないものかと、探していたところ植田省三さんの奥様にご紹介いただき、土の塾とのご縁が始まった。塾生の皆さんはとても親切で、色々と教えて下さるおかげで、初心者の私の農業体験が始まった。

　記憶では最初に育てたのは、私の大好物の大豆。「あそこで見張っているカラスには見られないように、コッソリ種植えしないとあかんで！」と真剣に忠告してくれる塾長の声が今も印象に残っている。大豆は風豆、風通し良い場所で育てるために雑草取りが大切なことを聞き、せっせと草を引いた。

　大好物の枝豆として立派に育った頃には「抜いたらもったいない！　よくできた豆だけ採ったらまだ成長してない豆が育ってくれるんやで！」と教えてもらい、大量の枝豆を採りながら「だから枝なしの枝豆が市場に出回っているのか」と妙に納得した。また同時に、手作業での枝豆収穫にどれだけ手間が掛かるかを実感した覚えがある。前年まで猪の襲来を受け、収穫が期待できないかもと言われるなか、大豆の収穫時には例にもれず猪に荒らされたとはいえ、枝豆として充分に堪能できたのは良かった。

　虫も殺さない乙女だったワタシが、カメムシを躊躇なくつぶせるようになったのもこの頃だったナァと思い出す。虫退

　治より大事に育てた美味しい枝豆ちゃんを台無しにされることの方がよっぽど嫌だった！　年月が経つとともにおかげ様で色んな虫を触れる特技を身につけた。

　そして気づけばアッという間に10年。一つの種から生まれた命を育ていただくことを土の塾を通して経験した私は、今こどもと関わる仕事についている。

　最近はこどもと土をいじる時間を任されるようになった。今のこどもたちは色々な社会の変化の中で私のこども時代とは違い、色々な管理下で生きている。

　衛生管理を行き届かせることに長けている日本の社会は、一方でこどもが土に関わる時間をとても少なくしてしまった。また、便利な社会は家庭の個食化を作り出し、大人の食に対する関心の薄れがこどもの育ちに大きく悪影響を及ぼしていて、現場ではその危機感から今、食育はもはや家ではなく社会が担うと考え、保育の指針の中の大きな項目に「食育」があがっているのだ。

　最初はカボチャ作りから。小さな種が芽を出し、大きな葉を拡げる様を、こどもたちは目を丸くして逐一私に報告してくれるようになった。次は檸檬の種をキッチンペーパーの上に並べ、部屋で水をやり、芽が出るのを観察。お弁当のゴミとして、普段は気にもしなかったサクランボの種を同じように育ててみよう！と盛り上がった。

　できたカボチャも大喜びで収穫した。そして2年目には檸檬の苗を購入し、檸檬の花が咲き、実がなることを園庭で実

「わあい。トランポリンだ！」
どっさり落ち葉を入れた堆肥場で

感することができた。3年目の今年は柑橘系が好きなアゲハ蝶が卵を産んで葉を食いつくし、蛹（サナギ）を作った。「はらぺこあおむし」が今、目の前で現実のものとなる。生き物が活き活きと成長する姿にこどもたちはもうトリコだ。

　虫嫌いの同僚たちも段々興味を抱き始めてきたのが面白い。蛹が蝶になる姿は見られなかったが、もう食い尽くされて枯れるだろうと思っていた檸檬は、害虫がいなくなって、また葉を育て始めた。

　「味噌を作ろう！」という企画の担当に抜擢された2019年。ここで土の塾で私の収穫した大豆が活躍する。幸運と塾生の努力の甲斐あり、この年は良質な大豆が1キロ収穫できた。私は園庭に乾いた大豆を枝ごと持ち込み、一粒一粒、こどもたちと取り出した。女の子も男の子も、当たりは大豆、ハズレは芋虫、それでもキャーキャー騒ぎながら夢中になって大豆を取り出すのを楽しんだ。虫を触るのもヘッチャラになってきた。

　初めて大豆がついた枝を見た職場の後輩は、「大豆って枝豆にそっくりですね！」と一言。彼もこの時ようやく、枝豆は大豆だと知ったのだ。

　年長以外は誤嚥があってもいけないので乳児はなるべく遠ざけていたものの、ある日のこと、こぼれ落ちた虫食い豆が朝露を含んで膨らんだのを、まるで宝石でも見つけたかのように大事そうに私に持ってくる2歳児さんが可愛らしくて、仕方がなかった。

　コロナ禍の今年、園庭で過ごすことが多くなった園児にとって、野菜作りはとても刺激的だった。今年はカボチャ、人参、きゅうり、ミニトマト、二十日大根を育てることになった。今まで使った土から根を取り出して掃除していると普段あそびを見つけられない子ほど、一緒にやりたがる。土を掘り続けるだけなのに、一心不乱に続けている。たまにダンゴムシや芋虫を見つけただけで大喜びだ。

　自分たちでキレイにした土を使って苗を育てる。ある日黄色い花が咲いて、嬉しくて不思議で触ってしまう。触って落ちてしまった先には実はつかないんだな。緑色のトマトの実、触りたくて仕方がないけど、今度は我慢ガマン…。夕方にはお迎えに来たおうちの人にトマトがどんなにおいしそうに赤くなったか報告するこどももいる。みんな野菜作りから色んなことを感じ取っている。

　こどもたちが経験している素敵な出来事は、私が土の塾を通して体で覚えたことばかり。多くの大人が経験せずにきてしまったこの楽しみを、こどもたちに伝えることができるのは、私が10年間通うことを土の塾のみんなが許していてくれたからだ。この喜びを味あわせてくれて、本当に有難く思う。

特別な空間での楽しい時間

鈴木 康久

　名刺交換も終わり。少し会話が弾み、「休日は何をされていますか」とお聞きすると、「家庭菜園を少し」などと教えていただくことがある。そんな時、「昔、私も。土の塾で教えてもらいながら、ダイコンやタマネギを作っていました」とお伝えすると、野菜づくりの話で盛り上がる。

　土の塾にお世話になっていたのは、10年以上も前であるのに思い出すことも多い。月に一度の農作業であったため、収穫は少ないが楽しい時間であった。中でも夏野菜は種類も多く、食卓が豊かになった。新鮮だから、自分で作ったからなのか美味しい。

　口に入らなかった作物もある。来週はトウモロコシの収穫と思って行くと一足先に鳥さんが、ダイコンはお猿が。ただ、不思議と怒る気にはならなった。いま思うと、特別な空間に身を置くことに「心地よさ」を求めていたからであろう。あれこれ、忙しい40代の頃であった。

　20年を迎えた「土の塾」。時間を見つけて訪れてみたい。塾長の大きな声、耕作されている方々の笑顔。居心地の良さは変わらないことであろう。

夏の共同作業。みんな日陰を見つけてしばし休憩

自然に学び、ともに生きる

収穫祭は「生命の食」の朗読から始まる

「土の塾」の先輩住人

西村 信哉

　「土の塾監事」の立場で、日頃は「塾内外の運営」、つまりは事業運営や会計状況が順調かどうかに視線を合わせている。しかし、本稿では「土の塾」の周りの関係者（動物等）との係わりに問題がないかどうかに目線を合せて、この20年間を想い起こしてみる。

土の塾創成期

　土の塾立ち上げ当時の2000年のある春の日、圃場の北西にある竹藪に入った。周りには誰もおらず私一人で、ふと見ると子狸が1匹、10ｍ位離れて丸い目でこちらを見つめている。私を見て驚き、狸寝入り（擬死）するのかと思いきや、予想に反し、こちらに関心をもってくれる。

　子狸に2ｍ近づくと、2ｍ後ずさりする。こちらが遠ざかると、その分近づく。同じことを繰り返してくれ、ずいぶん感激したものだ。子狸は親狸と一緒に行動するものと聞いていたが、親狸の姿はなかった。

　石作の畑の集会場に向かう道路には、現在同様、側溝のふたの上を清水が流れていた。ある朝、1匹のクサガメが日光浴なのか、そこをのこのこ歩いていた。幼い頃の私が、田圃で遊んだのどかな風景を思い出させてくれた。

　暫くしたある日の夕刻、私の足音を感知したのか、草叢のキジが猛スピードで畑の通路を横切った。キジの脚の脛には振動を敏感に感じるヘルベルト細胞があり、地震時には人より早くＰ波を感じ取る能力があるという。私の足音にことさら驚き、早く走り去ったように思えた。

　かつて、オランダのアムステルフェンの工場裏の原っぱでコウライキジが足早に走り去るのを見た。愛知県春日井市の草原でも、赤い顔の雄キジが疾走したことを想い起こした。

　土の塾に仲間入りさせてもらった最初の頃には、普段の街中では見かけないこれら動物たちに出会った時は、特に素朴に感激し興奮したものだ。

　この頃の畑作業は荒廃田を再生するもので、大半が固い粘土質であった。ショベル主体の耕起・砕土に大層苦労したが、毎年のように有機堆肥を加え、繰り返し耕すことにより、次第にふかふかの土壌と化していった。

「里芋畑」で

　種イモの植え付け後、ほどなく周囲の網・フェンスが猪らしきものに何度も破られた。その都度修理に努めた結果、圃場を荒らされることも減り、何とか落ち着いてきた。

　フェンスの周辺は荒らされることもなく、瞬く間に草が茫々に繁茂した。今度は、動物が身を隠す場所とならぬように除草に励んでいた。と、数ｍ先の枯草の中で雌のキジが1羽うずくまっているのを見つけた。抱卵の真っ最中であった。

　少し近づいても動かない、更に近づくも逃げなかった。母性本能が強く、外敵が近づいても、山火事が迫っても卵や雛を守ると言われている通りだ。邪魔をしないように離れた。

　その後、里芋は雑草に負けず立派に成長した。葉には雨露が玉となっているある朝、追肥のため畑に近づくと、少し離れた雑草の繁る圃場周囲で、雌キジが突然けたたましく声

を立て、飛び出してきた。私の畝近くに子がいるようである。私が子に近づかないよう、気をそらせようとしている。

　昔から「雉も鳴かずば撃たれまい」とあり、転じて「余計なことを言うと災いを招く」意に使われるが、本物のキジは母性愛から、草の中に潜んでいれば分からないものを、子供のためには自分を盾にしてでも出てきた。

　この年のキジとの触れ合いは、感動的で記憶力が衰え気味の私にも、忘れられないものとなった。

イノシシの群れ

　1人で夕刻の森の中を散策中、10 mほどの竹藪を挟み、4、5頭の親子の猪が猛スピードで走り去るのとすれ違った。猪はもともと昼行性であるが、人目を避け、家路を急いでいたのか……。

　人里離れた田舎の一軒家で過ごした小学生時代の夏休み、昆虫採集に夢中になって暗くなり、帰路を急いでいた時、猪が遠くでウオー、ウオーと吠えて大変な恐怖を感じたことを想いだした。しかし、この時は不思議なことに、むしろ親近感を抱いたものだ。

現在（2020年）

　「土の塾」の周りの動物たちに目を向けて想い起こしてきたが、20年たった現在もそれら近隣の方々（動物たち）は、相変わらず走り回っていることが確認できる。この一か月間でキジ、猪、鹿、猿、マムシなどの姿や足跡が確認できた。

「虫送り」。松明をかかげて畑の周りを巡って害虫退治

　キジは、年間を通して同じエリアにいる留鳥であるが、『万葉集』にも歌われていることからも、土の塾周辺の、大昔からの住人と思われる。

　鹿、猪、猿等も同様で、その彼らが変わらず活動していることは、良好な環境が維持されてきたものと思われる。また、土壌微生物たちは良い土壌となり、彼らにとっての環境は天国と化したのではないか。いわんや、これら動物たちから環境が悪化したとのクレームは出てこないと思われる。

　一方、大豆を蒔き発芽を心待ちにしている時にキジにほじくられ、美味しい夏野菜のために整備した畑を猪に掘り返された塾生たちのクレームは、いまも聞こえてくるが……。

　結論として、「無農薬・有機栽培で、動物等と共生する土の塾の活動は、20年間経過した現在、環境に影響を与えることなく、立派に継続していると認めます」。

　最後に、塾運営のリーダー、塾生の皆さんの真摯な活動に敬意を表し、今後も継続した発展を期待し、筆をおきます。

自然に抱かれた生命の輝き

祖田 修

「土の塾」の活動が2010年に10年目を迎え、その実態を伝える玉井敏夫さんの写真集が刊行された時、私はその活動を喜び、「人間と自然の賛歌——土の塾」という文章を寄せたことがある。あれから再びの10年がたった。それより前、土の塾を主宰される八田逸三さんが、当時私が仕事をしていた福井県までわざわざ訪れ、食事をしながら助言を求められてからも、すでに10数年になる。

当時私は何も助言するほどのこともなく、ただその活動の趣旨や思いを聞いて、心強く、嬉しく思ったことだけが記憶に残っている。そして今、その活動が、夥しい人々の共感を呼び、ますます活発に実践されていることに、心から感動している。八田さんの思いがみんなに通じたというより、実はみんな同じ思いを抱いていたことに、それぞれが気付かされた、ということが何よりの成果であり、嬉しいことであったと思う。

今コロナ禍の中で、日本は、いや世界は慌てふためき、見えない何ものかと闘っている。そのさなかにも、豪雨による田畑・家屋への浸水、山崩れ、竜巻、巨大地震や大津波襲来の予感に悩まされている。

産業革命以来。およそ1度弱の気温上昇で、地球上の気象条件は一変していることがわかる。これが「経済発展」を軸とする現代文明の帰結であることは、IPCC（気候変動に関する政府間パネル）はじめ、多くの科学機関によって証明されている。だが、どうにも止まらない。止まらないどころか、ま

すます開発は促進されようとしている。工業由来の"物への欲望"、巨大都市の形成、限界のない欲望の世界である。物は持てば持つほどもっと持ちたくなり、工業や巨大都市は農業・農村を蚕食してやまない。コロナ禍は、こうした人間社会への天の怒りではないかと思うほどだ。

また、コロナ禍克服のために、私たちの日常の中の密接・密閉・密集という「三密」を排除し、「新しい生活様式」が唱えられている。この三密は、若者たちが去り、にぎやかに集まることも少なくなり、火が消えたように寂しく閉じこもってしまった農村地域の現実、言うなれば「三疎」（過疎）を生み出した悪しき三密の帰結である。

今言われるところの「三密」も「三疎」も、否定されるべきものである。しかし、本来の三密とは、皆が集まり、近づき、固い絆を結ぶという性質のものであるはずだ。本来の「三密」を避けることが新しい生活様式であることなどあろうはずがない。へたをすれば、大都市集中の生み出した「三密」回避の流れは、人々の密接な直接的な関係を否定する道へと進む恐れもある。

さしあたり、三密を避け、インター・ネットやテレビ電話の映像を通してつながる道が注目されている。それも新たな方法として望ましいことには違いない。しかし、それはあくまでバーチャルな世界である。そこには、血の通う温かな手、心と心をつなぎ息遣いを感じる会話、集まって手をつなぎ、絆を深める直接的な関係はない。

昔の段々畑が蘇った

　もし人が、このような本来の密なる関係から遠ざかるとすれば、これほど不幸なことはない。その不幸は農村の「三疎」として現れている。農村が求めてきたのは本来のあるべき「三密」の世界である。私たちは巨大都市が作り出した悪しき「三密」と、農村が目指してきた協同的な「三密」とを厳しく区別して今を見つめ、将来を展望していかなければならない。

　そこに思い起こされるのが土の塾の活動である。土の塾では、田畑3.7ヘクタール、山林12ヘクタールの放棄され荒れた農地や森林を再生させ、多くの人が集まって無農薬の米や野菜を作り、果物を植え、竹林と木々のバランスを取って美しい自然を守り、自然から頂く物として、その成果を受け取る。皆が心安く集まり、自然と付き合い、教えられ、楽しみのうちに喜びや知恵を得、互いの絆を強く心に残していく。まさに人間と自然の賛歌の場であるというほかはない。
　すでに20年もの間続いていることは、八田氏の人柄とともに、皆の心に深く落ちるものがあるということに違いない。

　そこには、自然に抱かれた命の輝きがあり、"コロナ後"の生き方、働き方に、多くのヒントがあると考える。
　私も、自由の身となってから、自称「着土庵」に住まい、過疎地に放棄された230坪の農地を得て、"生活三分法"を称し、「野菜作り・囲碁等の趣味・少々の研究」の日々を送っている。子や孫、近くの親戚など14人の野菜や果物を自給することが目的であった。
　当初、農学を修めてきた私も、過疎地に少しは役立つことがあるのではないかとの思いもあった。しかし役立つどころか、近所の人たちから野菜の作り方、暮らしの仕方など教えられることばかりで、枯れ木も山の賑わいとなるのがせいぜいであった。

　私の日々もまた、本誌が伝えあおうとする「それぞれの塾」の一かけらではないかと思いつつ、本稿を寄せた。土の塾のますますの進展を、心から願ってやまない。

（京都大学名誉教授、元福井県立大学学長）

虫の話
西口仁美

畑をやっていると、ついてくるのが虫。

私は虫が嫌いなのに、どうも虫を見つけるのが得意らしい。

人に寄ってくる虫もいろいろいるけれど、日常的に悩まされるのは蚊やブヨ、マダニだろうか。蚊は蚊取り線香をつければほとんど防げるが、ブヨはしつこく寄ってくる。顔の周りをブンブン飛び回る鬱陶しさだけでもたまらないが、刺されるとパンパンに腫れる。目元を刺されれば、翌日にはお岩さん。くちびるを刺されたときは特にひどかった。下唇がめくれ上がるほど腫れて口が閉じられなくなり、食事も、水も飲みにくくて困った。携帯電話で撮影してメールを送ったほど、見事なタラコくちびるだった。

「殺人ダニ」と言われて有名になったマダニも嫌な存在。服や体にくっついて、家に持ち帰ってしまうこともあるから厄介だ。万が一にも家の中に逃げこまれないよう、見つけたときにはセロテープなどで捕獲し、挟み込んで潰す。

実際に、テーブルに置いてあったメモ用紙の上を歩いていたこともあるし、洗面所の洗濯機の側面に8ミリほどの大きなマダニがくっついていたこともある。噛まれたことは何度かあって、膝の内側のあたりを噛まれたときは1年以上も痒みが続いた。

私はマダニに好かれているのか、ちょっと草の中を歩くとすぐに数匹、ズボンにくっついている。けもの道や、ススキのような細長い葉の植物が生えているところを歩くと、特につきやすい。嫌な感じの葉っぱだなと思って見ると、ピタッ

とへばりついて待ち伏せしているマダニを見つけたりする。けものが破ったアミを補修していると、アミにしがみついていることもある。

それから、作物に寄ってくる虫。里芋とコンニャク、ゴマ、ブロッコリー、それぞれを好むイモムシが、せっせと葉を食べる。ブドウの葉に寄ってきたブンブンは、ナスの葉も好きらしい。ネキリムシは土の中にいて、茎の根元や地面に垂れた葉を食べる。そういう場所を少し掘ると、灰色のイモムシがころんと出てくる。

よく茂っていた人参の葉が、日を追うごとにスカスカになっていったことがあった。葉が無くなり、軸だけになっている。アゲハの幼虫の仕業かと探しても、いない。お手上げだ。

日が暮れて暗くなった頃、もう一度冬野菜畑に入った。人参畑の横を通ったとき、何か違和感があった。昼間に見たのと何かが違う、そう思ってよく見ると、あちこちの葉の軸にイモムシが何匹も！　犯人はヨトウムシ軍団だった。ギョッとしたあの光景は、今も忘れられない。

大根で一番困るのはシンクイムシで、芯を食われてしまったら成長は止まる。最近はさぼっているけれど、やられる前に見つけて潰すために毎日のように座り込んで、一つひとつ大根の苗を観察した。

大根やカブ、壬生菜、水菜の葉を食べるダイコンサルハムシは小さくて丸く、すぐに葉から落ちて土に紛れるので捕ま

えにくい。小さな入れ物に泥を入れ、竹串や割り箸の先に泥をトリモチのように付けて捕まえ、泥の中に埋め込んで退治する方法を塾村哲也さんから教えてもらった。実践してみたところ、確かに捕りやすくて楽しかった。

　カメムシもいろいろいるが、じゃがいもと夏野菜を担当している私が一番よく見るのは、ホオズキカメムシという細長くて角ばった茶色のカメムシ。家でもよく見る一般的なカメムシのような臭さとは違うけれど、やっぱり独特なにおいがする。たくさん潰すのは、気が滅入る。

　いちいち潰すのではなく、バケツに水を張って油を垂らしたところにカメムシを落とせばいいという話になった。大矢博司さんが、「ちょうど車に油あるわ」と持ってきたのがゴマ油だった。バケツに垂らすとゴマ油のいいにおいが漂った。じゃがいもの茎を揺さぶって、びっしりと列をなしているカメムシをバケツの中へどんどん落としていった。

　カメムシ退治は確かに捗ったけれど、この方法ならにおいが出ない、というわけではなかった。結果として、ホオズキカメムシのにおいとゴマ油のにおいとが混ざった何とも言えない、気分が悪くなるようなにおいに……。虫退治にゴマ油は不向きだということを、鼻で学んだ体験となった。

　とは言え、そのような悪い虫ばかりでもない。ナナホシテントウムシの幼虫は、じゃがいもの害虫のニジュウヤホシテントウの卵や幼虫を食べてくれるらしいので、見つけると「頼

早春の光を浴びながら、じゃが芋の仮植えをする

むで！」と声をかけている。カマキリも強い味方。

　とてもユニークなイモムシを見つけたこともあった。緑の体に、触覚のついた黒いお面をつけているような、絵本に出てきそうなルックスで、調べてみるとクロコノマチョウという蝶の幼虫だった。

　頭を振りながら動く姿も可愛らしくて、箱に入れてススキやジュズダマの葉を与え、蛹になり蝶になるまで観察した。羽化の瞬間は見逃してしまったけれど、こちらはいい思い出として記憶に残っている。

初期のたのしい思い出

中村 光男

　「猪さん、狸さん、狐さん、おやすみのなかをごめんなさーい！」。京都 土の塾、人力開墾キックオフ !!

　リーダーさんの掛声とともに、鎌を片手に長靴、軍手、はちまき姿で篠竹、藤蔓がびっしりの林の中へと突入。けもの道が縦横に走っている。

　けものの臭いがプンプンするなかを、後で腱鞘炎を起すことも考えずに、鎌を振り回す。汗びっしょりで、けものたちの運動場に到達したときの懐かしい作業を思い起こしました。

　都会育ちの私には、見たことの無い世界でした。

　開墾中心の初期農作業、落葉を集めて魚アラで堆肥作り。衣服に付いた腐った魚アラの臭いは取れない！　楽しかった忘れられない時間でした。

　京都 土の塾の体験から？年、現在はすでに80歳を越えながらも、自宅の小さな庭で虫たちと野菜作りに励む土の塾のO.B. です。

真夏の草刈り。「ふううう…」。草陰でちょっと一休み

塾との出会いと学んだこと

塩谷 勝計

京都 土の塾が20周年を迎えられたことを、心からお祝い申し上げます。

私が初めて土の塾の活動を知ったのは、平成20年前後だったと記憶しています。私の事務所近くに当時、塾で活動されていた方が京都市の補助事業で食事処を開設され、野菜主体のヘルシーな食事を提供されていたことが発端でした。

当時の私も食の欧米化に疑問を持ち始めたころで、昼食時にそのお店によく通いました。そこで土の塾のパンフレットを見せていただき、塾の存在を知ったのです。

活動の内容を見ると、共同作業やミーティングの参加が義務づけられていました。仕事も忙しく、休みも取りにくい状態の私でしたから、入塾は無理だと諦めていました。それでも、健康上のことも考え、仕事量を減らして、土と共生しようと、平成30年に土の塾の門を叩きました。塾長の農林に関する幅広い見識と熱い思いに感銘を受け、入塾することにしました。

塾に参加したてのころに特に印象に残ったのが、初めてのモチ米作り。右も左も判らない私を察して、さっと手を差し伸べていただいたのが大平一夫さんと林幹夫さんでした。

褒め上手な大平さんからは、最初の畦塗りをみなさんの前でほめて頂き、すごくモチベーションがあがりました。親切な林さんからは稲刈り、結束、はざ掛け、脱穀の現地指導を受けました。モチ米作り初挑戦は、豊作となって結実しました。

諸先輩方は経験豊富な方々で、いろいろなお話を伺い、耳を傾けるようにしています。そういう大平さんは亡くなられ、

風選作業。「ほうら。もみ殻が風に舞っていって、お米が残るんだよ」

林さんも退塾されましたが、忘れられない人たちです。

ネットを通じて、あらゆる作物が入手できる時代ですが、あえて畑に出向き、鍬や鎌を手にとって作物を作る面倒くささが重要であると、私は思います。面倒くさいプロセスを経て自ら考え、手足を通して最適な方法を判断する力を養うことができるのではないかと考えています。

塾の理念をもっと広く知ってもらうには、若者にアピールする必要があると思います。土の塾の自然豊かな農風景を、若い人たちが多く集まる農風景にするには、若い人たちだけが思いつく、驚くようなランドスケープ・デザインのアイデアが必要だと思います。

ミツバチプロジェクトについて

壺井 義弘

入塾してしばらくしてから、ミツバチプロジェクト（セイヨウミツバチ）のリーダーをさせていただいています。ここではプロジェクトについてご紹介します。

ミツバチについて

ミツバチの群れは1匹の女王蜂と複数の雄蜂と多数の働き蜂とで構成されています。女王蜂は卵を産むのが仕事です。雄蜂は未交尾の女王蜂と交尾するのが仕事です。働き蜂は巣の掃除、幼虫の世話、蜜や花粉の採取等の仕事をします。

ミツバチは半径2、3kmの範囲の蜜源植物から花蜜を集めてきて、巣の中で濃縮する等によりハチミツを作ります。

蜜源植物

塾の周辺にある蜜源植物をご紹介しましょう。

①洛西ニュータウン

洛西ニュータウンには、街路樹などとして植えられた数多くの蜜源植物があります。福西本通のユリノキ、竹の里北通のトチノキ、コープらくさいの向かいのニセアカシアなどです。街路樹などの植物は、東京都心の「銀座ミツバチプロジェクト」がかなりの量のハチミツを生産されているように、有力な蜜源になっています。

ただ惜しむらくは、それら主な3種類の花の開花期が5月上から中旬と、ほぼ同じことです。開花期が違うクロガネモチやイヌエンジュなどの樹木等が、もう少し多ければと思います。また、剪定などの結果、花の少ない樹木が多く見られるのも残念なところです。

京都市内では、京都御苑・御所をはじめ、ところどころで野生のニホンミツバチが生息しています。中京区役所の屋上ではニホンミツバチを飼育しています。こうした配慮があれば、いっそうミツバチが住みやすい街になると思います。

②西山

ヤマザクラ、ウワミズザクラ、ヤマフジ、ソヨゴなど、蜜源となる植物があります。

③塾の栽培作物など

ソバ、ゴマ、カキ、クリ、ビワなどがあります。ミツバチは受粉能力も優れているため、塾や周辺の作物から花蜜や花粉をいただくとともに、作物の増収などにも役立っていると思います。

新畑などには雑草のヤブガラシが生えていますが、おいしいハチミツになるそうなので、栽培の邪魔にならなければそのままにしておいていただければありがたく思います。セイタカアワダチソウや、種の塊が小さなウニのようなセンダングサ類も蜜源になります。

ニホンミツバチ

　塾の周辺には野生のニホンミツバチが生息しており、捕獲用の巣箱などに何度か飛んできたのですが、すべて逃げられています。これまでの最長飼育期間は９か月なので、せめて１年は飼育して、ハチミツを絞ってみたいと考えています。

故大平一夫さんのこと

　大平さんは発足時からのメンバーでした。当初、ハチミツをどのように絞ろうかと思案していたところ、あっという間にポリペールを利用した独創的な遠心分離機を作ってくださり、無事にハチミツ絞りができました。プロジェクトの毎年のハチミツ絞りに、今も使わせていただいています。

　その他にもニホンミツバチの捕獲用巣箱の作成など、いろいろとご活躍いただきました。プロジェクトになくてはならない方でした。あらためてご冥福をお祈りします。

蜜を採るばかりでなく蜜源になる花も育てています

おわりに

　ミツバチは他の昆虫と同様に、農薬の影響を受けます。塾では作物の栽培に農薬を使用しないため、条件に恵まれています。周辺にはかなりの水田が広がっていますが、今のところ目に見えての農薬の被害はないようです。

　こうしたことから、塾の周辺はミツバチにはそこそこ住みやすい環境だと思います。プロジェクトの皆様と蜜源植物を植えたりしていますが、少しずつでも今後も蜜源を増やす計画です。ミツバチに安住してもらえる環境をつくり、無理のない範囲でハチミツを分けていただこうと思っています。

山家族

平瀬 力

八田塾長、玉井敏夫さんの弛まぬご指導に感謝しています。

私の塾生としての最初の記憶は、2013年の柿落としのコンサートのステージと客席作りの作業です。爾来、大方の作業は竹の伐採でしたが、私自身は竹の伐採の意義をはっきりと認識できていませんでした。

私はかねてから、木工芸の木地づくりと漆塗りをしています。漆は昔から肌がかぶれるとされ今も人から疎まれていますが、竹もあたかも自然の植生に合わぬと、側に追いやられていることに割り切れなさを抱いていたからです。

しかし、竹が蔓延すると困ることに触れるにつけ、その伐採が必要であることも理解しています。これからも、竹を伐ることを通じて、自然のなかにいる自分と私なりに向き合っていきたいと思います。

ただ、塾の山で漆の植栽に失敗したことが悔やまれます。それでも、遅まきながらも漆をより深く知ることができたことはいい経験でした。

そういうなかに身を置いて、俳句も生まれました。開塾20年を共に喜びたいと思います。

疎まれて 漆一枝の 紅葉かな

おおらかに 牛の目をして 代掻きぬ

唐櫃路を 越えて轟る 山家族

大人同士で、真剣に雪だるまを作る

森は私の拠り所

野田 郁代

　唐櫃路にある私の櫻が、一昨年の暴風雨で無残な姿をさらして倒れてしまいました。自然の怖さを目のあたりにして、私は萎縮してしまいました。

　ところが、春になって、そのへし折られた私の櫻の根株から新芽が吹き出したのです。しかし、せっかくの新芽は、鹿の餌となっていました。

　その輪廻のなかで、「そのまま放って置く気か？」との塾長の叱責に背を押されて、周囲に竹柵を設けました。あらわになった根っこには土盛をして、愛情を注いでいます。

　柵の中では現在、雑草と共に新芽が勢のよい立ち上がりを見せています。この小さな命の輝きをいとしく受けとめ、咲かせてみようと念じています。

　この星からさよならしても、この森が私の拠り所として存続してくれたことに感謝して。

♪夏も近づく八十八夜〜 茶畑でのお茶会

土の塾での3年間、
そして今思うこと

野口 朋恵

八田塾長をはじめとする土の塾の皆さま、獣、草木、虫、土の皆さま、お元気ですか。

私は、高校の約3年間、植田省三さん・文代さんに連れられて、土の塾に参加していました。ショウガにサトイモ、イネに冬野菜、タケノコに和太鼓、そして一度も採れたことのなかったモモ……。極めて濃い3年間でした。

「一番好きな作業は荒起こし」といったふうに、私は作物を収穫できるか否かよりも、作業過程そのものにのめり込んでいきました。塾生の方を観察したり回り道をすることで、自分なりの作業方法を見つけました。時にはサトイモを獣に食べられたことで、心底落ち込んでいる方にもお会いしました。

森中に響き渡るさまざまな声を聴きました。パーゴラ（藤棚などの日陰棚）から一歩も出ずに一日を過ごすことも、自分の区画を一生懸命に耕すことも、その両方に等しく意味があることを学びました。

毎日の生活の中では、生産性やそれなりの成績を求められることも多く、結果の良否で人間が価値づけられることもよくあるように感じます。できるだけ小さな労力で最大の成果を生もうと懸命になる人もいます。

しかし、善くも悪くも、人間は機械にはなれないので、結局、感情の無い無機質な毎日に精神を病んでしまいます。効率の良さを重視すると、優しさや面倒くささといった人間の本当の姿が見えなくなります。生きるということは、最先端の科学技術でも到底説明できないくらいに複雑で難しく、また力強いものです。

森の舞台で思いっきり太鼓を叩いた高校生の私

そして、改めて「共生」とは、ということを考えます。思うに、生かされて生きるという命の営みは、その命を生ききろうとする本人の確かな信念のもとに、他者との温かな心の通い合いの範囲でのみ許される生かされ方から生まれるように思います。

ここでいう他者とは、単なる人間どうしの関わりだけではなく、先にご挨拶したような獣や土など人間以外の生き物も含みます。私が現在、専門に学んでいる分野において、もっとも見つめるべきは、そのような人間と他者との本質的な相互作用にあると感じます。

土の塾では、温かくも厳しい命への眼差しを持った多くの人たちに出会いました。自らの肩書を引き合いに出すことなく、一人の生き物として自然に向き合うことを学びました。

新型コロナと塾と私

佐藤 徳夫

　令和2年の春、コロナ禍で「ニューノーマル」（新常態）の
ライフスタイルとか「行動変容」とか言われ、自分自身はどう
か、アレコレ瞑想、考えてみた。例えば、「外出自粛令」。もし畑
仕事がなかったら、どう対処したか。巣ごもり生活は性分に
合わず、鴨川ウォークや東山一帯の山登りを日課とし、時間
のやり繰りに苦労しただろうか。もちろん実際の行動はノー。
山登りなど無縁で、何らストレスもなく、マイペースで畑に
通った。自宅勤務のテレワークが大流行し、ニューノーマル
時代がスタートしたと声高に喧伝されるが、我が身に照らせ
ば畑通いそのものが新常態だった。

　もし塾とかかわりのない日常だったら。イノシシやシカ、
サル、アライグマといった野生動物たちと付き合う縁はまず
なかった。竹を山から伐り出し、畑に柵を作る。小さな仁丹
ほどの大根や人参の種。味噌も豆腐も手作り。雨が降ろうが
例え大雪の中でも黙々とこなす共同作業。枯れ木の火であっ
という間にお湯を沸す玉秀カフェ。春を告げる鶯の鳴き声。

　入塾以来、見るもの、聞くもの、することの、その多くが「驚
き」と「発見」の連続と言えた。仕事が趣味の現役時代。「世間
知らずの会社人間は ×」。そう言って職場の先輩に何度も意
見されたが、素直に従っておれば、仕事人間はとっくの昔に
卒業できたはずだった。もっとも畑作りは自然が相手。千変
万化の環境は日々是新で、塾の日常は常に新常態との思いは
今も変わらない。

　土の塾はどんな農業塾？ そうよく聞かれるが、塾の活動は、
野菜作りに加え、お米、小麦にお茶、タケノコ、果樹の栽培、
さらに12ヘクタールの山林を憩いの場に変える「森のビッグ
プロジェクト」と実に多彩。そこでこんな体験談を。

　一昔前の嵐山吉兆の料理は最低7万円。で、「高過ぎません
か」と尋ねたら、「安いと思いますよ」との意外な返事。その
心は「概ね予約は半年前にあり、お客さんは毎日どんな料理
か楽しみにされます。7万円÷180日＝1日約388円。それに
食べた料理は生涯の思い出に」。世界トップランクの料理と
もてなし。顧客の熱い期待、ワクワク感。それこそが日本を
代表する三つ星料亭の老舗商法だと。

　この吉兆のプライドは「農」の三つ星集団とも言える塾の
旗印と相通じないか。生態系を重視して、あらゆる塾の労働、
農作業は人力主体。100％純粋の有機農法。最高品質を極め
る京ブランド屈指の土作り。それゆえ我々塾生の収穫時の達
成感は何にも代え難い。

　私の場合、塾通いは週1、2回。2週間以上のご無沙汰も珍し
くない。それでも天気は毎朝チェックし、作物の生育は順調
か、長雨だと獣害はどうか等々、日常茶飯、胸の内でアレコ
レ思いを巡らす。相手は無限のパワーを秘める自然界。農を
極める魅力とは、春夏秋冬365日否応なくこの生命力あふれ
る環境と向き合い、人智を極める面白さではないか、と。

　合縁奇縁というが、もし京都市内の小学校で塾長と偶然の
出合いがなかったら、今頃どうか。まず間違いなく塾との接
点はなかった。奇縁は塾長自慢の「魚アラは最高の肥料」実戦
論。塾とかかわり農＆食の奥深さを知ったが、それ以上に全
くブレない信念の80代塾長の生き様に、大きな影響を受けた。

　「便利社会は命を粗末にする」「土は命の糧」「国民皆農社
会の実現こそ令和日本の急務ではないか」。新型コロナの「3
密」回避で都市生活者の息苦しい現状を知れば知るほど、塾
長の持論、命を育む農への熱い思いが心に刺さる。今は人生
100年時代、日焼けした100歳カリスマ塾長が畑で陣頭指揮す
る元気な姿を想像するだけでも、塾の日常は晴れやかだ。

土の塾に思うこと

後藤 春美

土の塾20周年おめでとうございます。

大きな理念のもとに荒れた土地を耕し、今もその理念を堅持して活動を続けられていることに驚きと尊敬の気持ちでいっぱいです。20年という歳月は皆さんをどのように変化させ、また変化させずに今を迎えられたのか、興味が尽きません。当たり前の、しかし高邁な理念を掲げて荒れ地を開墾するところから20年間も活動し続けてこられたのですから。

*

玉井敏夫さんの写真集『土の塾』には、命の復活の現場に自らの手や足、からだ、魂を込めた活動が、当事者として立ち会った人たちの命があふれ出んばかりに写し取られている。想像もできないほどの意志と努力の積み重ねではないかと思う。始まりの当事者でないことがとても残念に思えてくる。

時を経て、その開墾地の恩恵に与っている私は、その年数の半分にも満たない新参者。土に触れ、感じ、考え、喜び、悩み、活動される皆さんと関わることができることをうれしく思う。関わるきっかけを作ってくれた友人にも感謝したい。

土を耕すことを知ってしまった私は、もう土を耕すことなく、老いていく自分を考えることはできないように思う。

私は田舎の半農半職人の家で育った。社会の皆が総じて貧しい時代だった。父母は何人かで小さな山陵を開墾し、お茶畑を作り、茶工場で加工もしていた。工場の茶の香ばしいにおいと暑さが、その頃の夏の記憶だ。

小学校に上がる前のこと。山の開墾の風景が木の根を焼く煙や土のにおいと共に鮮やかに思い起こされる。田植えや稲刈り、川での魚捕りもした。人も自然も社会も、何もかもの未来に希望があると思っていた時代であった。

長い職場人生の後、土の塾に出会った。それは何か欠けていたものを発見するためだったかも知れない。

食べるものを自分で作って生きていくことは本当に理想で、自分にそんなことが出来るだろうかと思っていた。自然や土と直接接して生きることは、人という生きものとしての大事な基本だし、基本に立ち返って生きたいと頭では考えていた。

塾での作業を通して、自分が変わったなと思うのは、信頼という言葉をそのまま実感したこと。汗をかくようになったこと、自分の意思とからだのつながりが何となくわかること、自分にある力があり、肯定できる部分があると思えたこと、食べたいものか食べたくないものかを、からだが即キャッチすることなどなど。今も自分の変化を観察中。

今の社会を見るにつけても、ほったらかしの土地や山をなんとか耕し、整備し、人の糧となる食べ物や植物を育てる方策はないものかと考えたりもする。耕せば食べるものはなんとかなるのに。大人はもちろん、子どもでさえ7人に1人の貧困率などという社会にどうしてなってしまったのだろう。

土の塾の人たち、塾長をはじめ皆さんが長生きしていただくこと、志を持つ人たちが増えること、それが若い世代へとつながり、この塾のありようが人々に知られ、今の生活や様々なことを多くの人たちが考えるきっかけになり、社会を刺激し、せめて子どもが食べ物に困らない、地球が滅ばないように何らかの影響を与え続けることを心から願っている。

蕎麦の花は清楚だけれど
たくましいと思う

塾に行くと水場の横にある桂の樹に目が行く。この木が空に向かって伸びる様を見るのが好きだ。春も夏も秋も冬も山の景色が好き。帰る時、「さよなら、またね」と振り返る風景に、私も自然の一部なのだという実感を一瞬得る。それは安心できる何か、エネルギーも感じる。しんどい共同作業の時、プロジェクトの作業の中でも味わう、ほんの一瞬。

私の物理的課題の一つ、交通手段のこと。バス→電車→自転車、それで畑へ行くことをなかなかわかってもらえない、意識と体力の葛藤がある。

プロジェクト断片

〈冬野菜〉

スコップで耕すのが少し上手くなった。小刻み5ミリくらいずつ進むのがコツ。が、畝は他所様には見せられない。どうしてあんなに綺麗な畝になるのだろう？　私はその日一日慌て仕事をするから？　土が荒い、草も混じる。それでも種、野菜は逞しい。どんな環境でもそれなりにちゃんと育つことを学んだ。裏を返せば、もっと手をかけてやれば、更にすくすくと良く育つということなのだが……。「こんな私でごめん、でもちゃんと大きくなってね」と祈って帰る。

「あまり手をかけないのに青々と育ってるね」といわれニッコリ、育った大根を抜いたところ隣の人の大根だった、という失敗も。平に謝ったところ、私だけではないらしい。

〈大豆〉

なかなか良くは実らなかったり、動物にやられたり。それでも、2年前くらいはよく実り、生まれて初めて自分で味噌を作ることが出来た。それは美味しい味噌だった。乾して、実を選る作業は私には永遠のように思えた。蕎麦もそうだが、このような作業は果てしない。が、手と少しの頭を動かせば、いつかできる時がくる。この年令にして、実践的かつ実感的人生観を得た。挫けそうなとき、蕎麦や豆や土を目に浮かべる。それに、台風などで倒れないように、誰かがそっと助けてくださることも何度か。それは有難く身に染みた。他にもある。感謝の言葉もない。作業は自分のことだけで精一杯なのに、他人の分までできるなんて。多分それは人間の基本的な最良の部分、信頼できる精神力、魂としか名付けられないのではないか、と思ったりする。

〈蕎麦〉

蕎麦は憧れだった。花が特に。白く咲きそろうときの幸せな気持ち。携帯で撮って、時々眺める。しかし、私には甘い作業ではない。畝の長さが15m。挫けそうになる。種を蒔く部分だけ耕してもよいと教わるが、そもそも手抜きとは出来る人が使う手であって、私には手抜きの仕方がわからない。だから、全部耕すことになる。始めるのも遅い。成長しつつ

俳句10句　麦を踏む

麦を踏む人の背中の　静かなり

初蕨　母の温もり　不意に来て

思いっきり風を纏って桜舞う

春泥の鍬一つ置き　去りしかな

草刈りだ地球の面の　あの辺り

麦わら帽ほういと投げる空の青

芒刈るざっくりざっくり私も

鹿の鳴く夜を見ていた冬の月

里に来て少年の日の冬苺

冬夕焼　耕す男　地平線

ある他の人のそば畝を見ながら、夕闇に紛れて蒔き、収穫したことも。ある年、隣の畝の塾長のご指導の下、正しく作業を行ったためか、よく育ってくれた。この蕎麦からも学んだ。それは如何に質や収量を増やすということではないが。

　蕎麦の作業をしていて、思い出すことがある。東日本大震災から少し日が経ってのことだ。福島の方が山の中腹を開墾してようやく蕎麦が育つようになった土地を、震災後どうなったかと見に行かれたところ、放射能汚染土が詰まった黒いフレコンバッグが畑いっぱいにおいてあった。テレビから伝わるその時の、その方たちの絶望感が私から離れない。耕せる土地があったら、植えられる土地があるなら、あの人たちの代わりにはなれないけれど、植えるささやかな気持ちが私を前へ、時にまともにさせたりもする。

〈森〉

　まるで幽霊会員である。あの森に関わりがあると思うだけで、私を安心させるものがある。

　今年、桜の木を植えさせてもらった。遠く市街が見渡せる斜面。鹿に若い芽を食べられたが、あの場所に私の桜が生きていると思うだけで、なんだかうれしい、ちゃんと世話もしないでといわれそうだが。一度は折れかけた枝を大事に手当

てして、その枝が奇跡的に生き返るのをみると、へええーっとうれしい。多くの木や生き物が生きたり死んだりして、年月が積み重なっていく。森への壮大な計画に何か私にもできることはあるか？　手を入れることのできないほど荒れている日本の森。そういう森を自覚的な人たちが、できることをコツコツと積み重ねておられる。

〈お茶〉

　もう何年にもなるのに、お茶の畝とは言い難い。平らな荒れ地だ。山で自生しているお茶はあんなに逞しいのに、何故？

　種を蒔くと芽を出してくれるのに、ちゃんとした世話を仕切れなくて、本当に申し訳なく思っている。世話をしようと手を入れたある夏、ヤマカガシと思われるきれいなヘーさんが、とぐろを巻いているのに遭遇した。もう足が向いてくれない。どうしたらよいのだろう？

〈灯そう会〉

　義理と人情の世界に傾くか？　否、そうではない何かがあるか。大文字山の送り火が感慨深い、冬の麦踏み、麦秋の風を感じるとき、しかし畝づくり・収穫・夏の作業は痩せる。でも仲間と実った麦を見ることが楽しみ。わいわい作業するのもまた、楽しみ。

自然と人との間にて

牧野 光善

早朝、茶畑は静かに塾生を待っています

私は、作物をモグラやカラスから守るために、竹竿の上から茶畑の辺りを見渡しています。

何年か前から大原野の段々畑で年中、動いている風車です。

インスタグラムにも登場しています。

ペットボトルと針金ハンガーを工作して作られて、数年ごとに替えられています。

他の仲間は、一度に数個を作られて、時期によってサトイモ畑や冬野菜の畑、玉ネギの畑に移動したりしています。

作者は、懇意にしている隣の家族に誘われて、平成13年頃に活動を始めたようです。

近頃は、隣のその家族も活動場所を変えて、ご家族も大原野では活動していないようです。

このお茶の畑では、東山の端から日が昇る朝日の輝き、西山に沈む夕日、夕焼け、月の満ち欠けや満天の空に煌めく星光が美しい季節もあります。

雨の後の晴れ間、山際に棚引く霞、架かる虹も見ることができます。

時には猿の群れや猪、鹿、鷺、鳶、雉、雀、烏などの動物、紋白蝶、蜻蛉、黄金虫、飛蝗などの昆虫、蝮、蜥蜴などの爬虫類も顔を出します。

ススキが風に擦れる音、カエルやコオロギの鳴き声も聞こえてきます。

肝心の作物ですが、私の周辺ではお茶の木に迫るツタの仲間やヤブカラシとの闘いの繰り返しです。

最初は水不足と日照りで成長が難しかったようです。

今では順調に育っているようですが、新茶を摘んで活用している様子は見られません。

別の畑では、サトイモの圃場に獣が侵入するので網囲いをしています。

冬野菜の圃場でも、イノシシやシカなどが囲いから突入して作物を荒らします。

玉ネギの圃場に猿の群れが入ったりもしています。

今年は特に、新型コロナの影響や梅雨の長雨などで、畑での活動が難しくなっているようです。

それでも、毎月の共同作業とミーティングには人々が集い、草刈りや天災後の復旧、作物の生育状況や今後の展望など、色々と活動されています。

秋には広場で収穫祭が催され、出来栄えを披露し、作物を利用した料理など振舞われて、歌声なども聞こえてきます。

私は見ていませんが、桂御陵の筍や山田峰ケ堂で千本桜を目指す野生の森で催される歌い初めや、何年かに一度開かれるコンサートなど、楽しみも多いようです。

大原野の自然と人とのネットワークを通して作られる穀物や野菜などを、より多くの人たちに広めようとされる頃、私の役割は終えようとしています。

大原野の段々畑を眺めつつの独り言でした。

土の塾の天敵は獣ではない
尾賀 省三

「京都 土の塾」20周年おめでとうございます。

代表の八田逸三さんに初めてお目にかかったのは、八田さんが京都市の中央卸売第一市場長をされていた1997年。場所は大津市坂本の「麦の家」でした。生業としての農を学びあう場で、初参加の私は当時、血気盛んな新聞記者。閉会後の懇親会で、八田さんが定年間近と聞き、不躾にも「天下りされるんですか?」と問うと、八田さんは言下に「しません」。

言葉通り、退職後は京都府の農業施設で2年間研修し、10キロ以上も減量された姿に驚かされました。それ以上に驚いたのが、耕作放棄地で土の塾を始められたことです。こんな突拍子もないことをする元役人にお目にかかったことがなく、以来、折に触れお付き合い頂いてきました。

素手で農作業する、というのは家庭菜園では「あり」ですが、4ヘクタール近い農地では本来ムリです。人と獣の共有地みたいな耕作放棄地ではなおさらです。でも、八田さんと志を同じくする塾生の方々は、信念を曲げることなく、一直線に20年間も突き進んでこられました。八田哲学のなせる技ですね。

農作業でたいへんなのは、「猪や猿、鹿など獣との戦い」と、八田さんからなんどか聞きました。きっとそうなのでしょうが、獣の話をする八田さんの目は、敵というより悪友に向ける柔らかいまなざしでした。「それよりも」と、私は思います。八田さんの本当の敵は、ひとではないのかと。

先進国で最も低い食料自給率に陥らせた罪に加え、農業を産業の観点でしか見ない日本政府や農水官僚。農業を守ることより、目先の利益に血眼になる財界や企業。安心・安全と叫びながら、その実、安さと規格だけにこだわる消費者のなんと多いことか……。

この結果、農業就業人口がこの10年間で100万人も減って168万人（農水省2018年統計）に。平均年齢も70歳近くで高止まりするという日本農業の惨状を生みました。

新型コロナウイルスによるパンデミックは、日本ではアメリカのようにはなっていませんが、いつまた感染爆発するかしれません。そうなったとき、農業も甚大な被害をこうむるのは間違いありません。農の担い手は激減し、耕作放棄地がさらに増え、食卓からまともな食べ物が消えるのは必至です。

日本の農業は、風前の灯火です。その中で「土の塾」の志と精神こそは日本農業の再生に不可欠だと確信しています。

「125歳まで生きる」という八田さんの宣言どおり、新型コロナウイルスなんぞに負けずに、あと40余年頑張ってください。

土の塾のいっそうの隆盛を祈念しています。

（毎日新聞終身名誉職員）

楽しく生きる、人らしく生ききる

これから稲刈り。天気よし！ 気合よし！

塾の畑 石作への道

村田 辰雄

いちばん高い畑からは、京都タワーなど京都の町がそっくり見わたせる

　阪急東向日で下車、バスに乗りかえて灰方で降りる。いつも一人の私にとって、ここが入口です。

　郵便局の前を通り、旧村落の細い道をぬけて車道にでる。前方の西山連峰が美しい。左に善峯寺、右に小塩山が、遠くに愛宕山が見えます。正面が塾の畑のある石作です。

　このあたりは旧山城国乙訓郡、葛野郡は隣り、山を越えると丹波国亀岡と摂津国三島郡に接します。京都の最西端、まさに国境の地と言えます。

　東山は、京都市街地のどこからでも見える比叡山。麦ワラを提供し、点火に協力する大文字の送り火の如意ヶ嶽。北山は、賀茂川・鴨川の源流と誰もが知っています。

　しかし、西山は遠く見えません。ここ小畑川流域は思ったよりも深く、農地も広い。大原野の名のとおりです。

　この辺り、いつの頃から人が住み始めたのだろう。古くは藤原氏の荘園、禁裏御料の遊猟地、京都の公家・社寺の領地であり、食料供給地でした。古い資料にも、主産物は菜種・松茸・筍・茶・竹・薪炭とある。地域資源は豊かです。

　奇妙な地名が面白い。「大原野石作村」。石の加工に携わった技術系民が暮らしていたか。それに「灰方」、「灰谷」、「出灰」。地元に産する石灰を加工して、朝廷に献上していた。丘陵一体が竹林に覆われているのは、土質の影響かもしれません。ただ、孟宗竹は外来種で、日本の原風景にはありません。

　西に向かって歩く塾の畑までは、約2.0km。通い始めて20年、はじめは20分で歩けましたが、今は30分かかります。当初は自動車でしたが、歩くことの楽しみを知る。車の目線と人の目線は違うのです。四季それぞれに変化があって楽しい。気候の「気」、雰囲気の「気」がいいのです。

　道の両側の畑、耕作放置の水田や廃屋が目につきます。道沿いの菜園も減り、少しずつ風景が変わって寂しい。歩く人はいません。通る車も少ない。仲間が自転車で声をかけて抜いていきます。車が止り、「乗りませんか」と誘ってくれます。丁寧に断る。

　山間部に入り、かつては「隠し田」だったと思われる荒廃畑を農地再生にと、人力で耕す。人の声が響く。ここで育ち、東京で活躍する一級の歌姫のソプラノが聞こえそうな、光る畑に変わる。

　少し前から、足を痛める。原因は分からず難儀する。足を引きずることもありましたが、頑張る。歩きつづけることで不思議に回復。土の匂い、植物の香りが自然のクスリとなったようです。

　土の神もびっくり。この道、名付けて「石作の道」。いつまで歩けるのかわかりませんが、西山は私にとって聖地です。

貴重な体験の想い出

青木 英鶴子

このたびは京都土の塾、創立20周年おめでとうございます。早いもので退塾から5年以上が過ぎ、新型コロナにも負けず、街中での生活を送っております。

記憶に残っていますのは、入塾時のことです。「ラジオ深夜便」で土の塾のことを知り、さっそく教えて頂いた大原野の石作の畑へと向かいました。そこは、澄んだ空気と人の手によって美しく生かされた自然の風景が拡がる所でした。

そのなかで、塾長様の熱い想いをお聞きし、感動のあまり涙したことが思い出されます。

畑では収穫前のジャガイモをお猿さんに食べられたこと、竹畑では振り向くといつの間にか塾長様がおられたこと、桂坂では竹畑での作業中に竹の不思議な力に癒されたことなど、土の塾では貴重な体験をさせて頂きました。特に、人の五感の大切さを教えて頂きました。

気難しい主人と私にご指導くださいました八田塾長様、玉井様、お世話になった皆様に、改めまして感謝申し上げます。

ありがとうございました。

名乗るのは名前と居住区だけ。入塾のご挨拶

生きる知恵と技術を学ぶ

小國 美智子

　土の塾に入塾できて、良いことがたくさんありました。心身共に丈夫になりました。善き知恵を沢山教えて頂きました。

　道具の使い方、畑の作り方、稲作、筍掘り、野菜や山菜の料理のレシピ等々……。　感謝しています。

田んぼ仕事では着替えを一式持っていきます

僕にとっての土の塾
土とドーナツ

兵藤 暁人

　僕が土の塾の活動に参加してよかったことは、自然の豊かさを感じながら農作業ができて、本当に美味しい食べ物を頂けることです。頭も体も使う農作業は大変で、鳥や虫や獣に悩まされますが、そういう同じ食べ物を共有している関係も含めて、「自分は自然の分身」ということを実感できます。

　天気や季節の移り変わりにも敏感になるので、僕なりに下手な俳句を捻ってみました。

ライト消し 蛍の光 目に染みる

　日が暮れた後もヘッドライトを点けて田んぼの代かきをしていました。作業を終えてライトを消したら、蛍が暗闇の中で仄かに光りながら漂っていて、気がつけば「蛍の光」を口ずさむ自分がいました。

「朝」の字を 体で覚える 別れ霜

　晩春の霜注意報が出た時、ジャガイモの芽に霜が降りていないかと気になって夜明け前に土の塾へ行くと、月の入りと日の出をほぼ同時に見ることができて、朝という漢字の意味を実感した。霜は降りていなくてジャガイモは無事でした。

一年の おもひで灯す 大文字

　「小麦を作って大文字を灯そう会」に参加して、大文字の送り火を身近に拝見したとき、1年をかけて準備した麦藁が見事に燃える様子に感動しました。その熱い炎の光は今も目に焼き付いています。

　僕は農福連携（農業と福祉の連携）に関わる仕事をライフワークにしたいと考えていて、そのために必要な農福の基本を土の塾で学びたいと思っています。これまでに学んだこと

の一つは、土とドーナツ（の穴）は似ているということです。

　土の塾の各プロジェクトで取り組む作物は、芽の出し方、根の張り方、葉の付け方、花の咲き方、種の残し方にしても、それぞれの個性はあるけれど、最後は平等に土へと還ります。

　作物を食べた鳥や虫や獣や人間も、それぞれの個性はあるけれど、どんなものでも最後は平等に土へと還ります。土の塾の20年の命の歴史が、その土の中に積み重なっています。

　そう考えると、あらゆる命が土を巡って時空を超えて繋がっているのかもしれません。生物の環世界、個体独自の感覚器官を通して意味づけされた知覚世界は様々ですが、土から生まれて土へと還ってゆく運命は同様に思えます。イメージとしては、「命はドーナツ状の形をしていて、ドーナツの味は様々でも、ドーナツの穴を通して命が繋がっている」感じです。ドーナツを食べてもドーナツの穴は残るように、目に見える命が尽きても目に見えない命の素は残る気がします。

　僕の好きな音楽家の谷村新司さんが、「ドレミファソラシの音にはそれぞれ意味がある。ドは土、レは火、ミは水、ファは風、ソは太陽、ラは宇宙、シは死だ」という不思議な話をしていた。「ドは土を表す音」であることが、昔は言葉遊び（なぞなぞ）のように思っていたが、今では音に秘められた深遠な謎が本当にあるように思えます。「ドレミの歌」の「ドはドーナツのド」であることの意味も、昔はよくわからなかったけれど、今では妙に味のある歌詞になりました。

　これからも土の塾の活動に参加して、自分の学びを深めたいと考えています。学得底（頭で覚えること）よりも体得底（体で覚えること）を大事にしたい。そして、自分の命のドーナツを味わい深いものにできたらいいなと思っています。

私にとっての「土の塾」

貝野洋

「京都土の塾」から20周年記念文集の原稿依頼があった。2009年から7年間滞在し、4年前に都合で退会することになった私にとって、「土の塾」とは何だったのか、今の思いを書いてみることにした。

*

私が塾を知ったキッカケは、退職を控え、その後の人生をどうするか考えているなかでのことだった。これまで拘束されていた、長い会社勤めから解放され、手に入れた自由時間を、"暇を持て余す?"ことなく、いかに有効に使い過ごすべきかを模索していた。

その頃、我が家は引っ越してきたばかりで、妻は家の周囲を取り囲んでいた黄色のモッコウバラを、彼女が一番好きなツルバラに植え替えつつあり、私も冬の誘引などを手伝っていた。私はといえば野菜作りが好きで、元住んでいた梅が丘などでは庭にいろいろな野菜を植えて楽しんでいた。

いよいよ退職するにあたり、もう少し広い場所で本格的に野菜や花を育てたいとの思いもあって、近くの貸農園などをWEBで検索した。すぐに見つかったのは、大原野の「天空農園」だった。さらに検索して、「やましろNPO協働通信」(第3・4合併号、H20年9月)に載った森川恵子さんの報告を発見した。NPO法人「京都土の塾」の活動とその魅力が分かりやすく述べられていた。私はそれに惹きつけられた。

すぐに「京都土の塾」のホームページを探し、入塾を希望する人は塾長と面談できることを知った。早速電話し、妻も誘って塾長に会いに行くことにした。

八田塾長には2009年2月8日に塾の広場でお会いした。まず、「土の塾の理念」の説明を受けた。土に親しむ(貸農園ではない)、一切の効率を求めない(機械を持ち込まない)、無農薬が目的ではない、自然との共生、生き物との共生(網を張ったりしない、食べられてもしょうがない)、個人情報はご法度(過去現在の社会的地位や勤め先などは一切明らかにしない)などなど。その内容は私にはとても斬新で魅力的なものだった。

こうして、自分が当初に考えていた貸農園から、一挙に高い理念に基づく農業体験を開始することとなった。

日本で農業といえば米、農業体験として米作りを欠くことはできない。塾では、苗代作りから収穫・脱穀などすべての作業を体験できた。米を作ってはじめて、"百姓(農業)"を体験したと言えるだろう。それに、たけのこの里・長岡京市に住んでいながら、遠くから眺めているだけだった竹藪をみんなで管理し、自分の持ち場を決めて土入れや間引、穂先折り、タケノコ発生を監視して掘り出すなど、筍農家と同じことを一通りする貴重な体験ができた。

さらに、宇治を始め京都はお茶の里。家でお茶を飲むのだから、茶の木を育て、葉を収穫し、釜炒りして茶葉を作り、自分で茶を淹れる。期間的にそこまではできなかったが、茶の木を種から育てることはできた。野外でのお茶会を催してもらって、茶の湯も体験できた。他にも、実に多彩な作物を作った。夏野菜や玉ねぎ、ショウガ、にんにくなどは特に家で喜ばれた。餅つきや収穫祭も楽しかった。

歌ったのはビートルズ。野生の森の舞台で

　しかし、本格的な農業体験ができるだけが塾のすばらしさではない。この塾が持っている"人・思い・活動の幅の広さ"にあると私は思う。塾では、実にいろいろな人と出会い、仲良くしてもらった。塾長をはじめ、塾で扱う作物に経験と造詣が深く塾の活動を引っ張っていく人、森を管理して大人も子どもも野生に戻って楽しめるような活動を求め進める人、放置竹林を整備してコンサートができる舞台（檜舞台）を作ることを夢見て実現してしまう人、ギター伴奏でみんなに歌声を楽しませてくれる人、そして宴会好きな人も（私かな？）。それぞれが強い個性を持ちながら、それぞれがやりたいことや共有できることを共有しつつ物事を進めていく。

　塾には、個人ではなかなかできないことを仲間とともに実現する力がある。農業を目指す子や自然食を目指す人、心の悩みや障がいを抱えている人など、塾の参加者の多様で幅広い欲求に応えられる包容力を持っている。決して誰も排除することなく、大きくふわっと受け入れる懐の広さをそなえるとともに、決してよそよそしくないのが「土の塾」。そのような塾の魅力は、塾に入らなければ体感できないことだった。

　退職後に私が選んだ道、その7年間は、年2回ほどの海外旅行を除けば、毎日を「土の塾」で過ごすと言ってよく、その選択は間違ってはいなかったと、今も思っている。

　「土の塾」に参加できたこと、塾長を始め多くの仲間の皆さんに出会えたことに深く感謝するとともに、「土の塾」のさらなる発展を期待するものです。

京都マラソンから森の会へ

石井 弘美

　私の初めての土の塾は、森の会への参加です。趣味で走っていた私は京都マラソンにエントリー、倍率の厳しい競争にもかかわらず当選、ラッキー‼

　2月第3週の日曜日、それがなんと森の会の定例集会と重なっていました。森の会の方からは、「作業後は囲炉裏の会があって、みんなでワイワイやっています。走ったあともまだまだやっていると思いますから、ぜひ寄ってください」と連絡をいただきました。

　「えー、走った後、行ったこともない洛西の山小屋まで行けるのかな??」と私。現実に、私のマラソン練習量はピークを過ぎ、右肩下がりに走る量が減っていました。そんなに早く

ゴール出来ないのに、間に合うのかなと不安でした。それでも、何とか無事ゴール。

　平安神宮からバスに乗り、阪急に乗り、またバスに乗り、事前に頂いていた地図を片手に、竹やぶを歩いて向かいました。ようやく山小屋に到着、間に合いました‼

　塾長をはじめ森の会のみなさん、ほろよいで到着を待って下さっていました。特製のかす汁を頂き、みなさんに温かく歓迎していただき、楽しい時間を過ごすことができました。

　そんな初めての参加から2年と半年。毎月第3週の日曜日は、月に一度のお楽しみとなりました。

母娘で天ぷらを揚げたね。野生の森の昼ごはん

豊作はいつの日か?

平塚 文子

　新聞で目にとまった「土の塾」の活動を紹介する小さな記事。塾という言葉の響きに、微妙に警戒心を覚えながら、それでも、どうにも好奇心がそそられて活動を記録した写真集のページを繰った。

　誌面に登場する人たちは皆、いい表情をしていた。

　そう映った。気づけば塾生の末端に連なっていた。

入塾して数年

　いまだに畝を立てるのは下手っぴ。塾の基本素養の竹伐りも杭作りもおぼつかない。手抜きすることだけは、しっかり習得したが。

　作物は、それなりにしか手をかけない者には、それなりの恵みしか与えてくれない。その公平さが好ましい。

　過程を楽しんでいるんだから、収穫は二の次よ。そんな詭弁(?)を弄して、己の収穫の貧弱さを自身に納得させる。とは言え、ささやかな実りがもたらしてくれる食の歓びは大きい。次はもっと、と欲が出る。

猛暑日

　「できるだけ外出を控えて」と、ニュースのアナウンサーが呼びかけるが、聞かなかったことにして畑に向かう。容赦なく照り付ける太陽の下で、草刈り鎌をふるう。

　吹き出す汗をぬぐいながら、「こんな日に何やってるんだか」と言い合うとき、きっと『土の塾』の写真集で見たような表情をしているのだろう。

小さくたってとてもおいしい玉ネギなんだから

土の塾で学んだこと、この先 取り組んでいきたいこと

猪俣 謙太郎

土の塾には、2017年4月から2019年3月までの約2年間在籍していました。その活動を通して、自分の生活に影響を残した考え方が二つあります。

一つは「生物として自然と共生すること」、もう一つは「化石燃料、工業機械を使わない生き方」です。

「生物として自然と共生する」については、人間も自然界の一部として存在していることを、塾での農作業を通して学びました。

自然に少しだけ手を加えて食物を作らせてもらい、残ったものを自然に戻す。糞や尿も自然に返す、死んだら土葬してもらうなど、他の動植物が当たり前に行っている活動を人間もする必要があることを強く感じました。

現在の人類は、貨幣経済が発展しすぎた結果、お金でなんでも買うことができるようになりました。人々はお金を稼ぐために生きているような社会になっています。

食肉の処理等の「命のやり取り」を見ることなく綺麗にパックされたものを、お金を出せば簡単に買うことができる。それらを食べ残すことについての罪悪感も薄れ、食品ロスがもの凄い量になっています。

便利さを追求した結果、自然とかけ離れた高層ビルやマンションが立ち並び、発電所からの電気が途絶えれば生活できないような暮らしをする人たちが増えています。

人が誰も来ない夜間でも明るい照明をつけ、24時間営業のコンビニエンス・ストアやスーパーが全国各地で営業され、ずいぶん無駄の多い社会になっています。

人間も生物の一部である以上、やはり大地との関係を切って生活はできません。自然からどんどん離れる方向に向かっています。自然と一体になり、環境負荷の少ない生き方を大いに広める必要があることを痛感します。

「化石燃料や工業製品を使わない生き方」も大切だと思います。地中深くから掘り出してきた化石燃料の使用や便利さを追求して作られた工業製品の使用は極力控える必要があると学びました。

化石燃料は、燃焼させることで二酸化炭素等の温室効果ガスは増加します。自然に返すことのできないプラスチック製品等の物質も大量に生み出しています。

機械類の工業製品も便利なもので、生活を効率化してくれます。私自身も、車や自転車、電動ドリル等、さまざまな工業製品に依存して暮らしております。しかし、壊れたり不要になったりすれば簡単に捨てられます。結果、自然に返すことのできないごみを増やすことにつながります。

化石燃料も工業製品も、現在の生活様式では完全に使わない生き方は難しい。それでも私は、使用を極力避けた暮らしを心掛けたいと思います。

最後に今後の展望ですが、今回のコロナ騒動では食品の買占めが世界的に起こったり、輸入が不安定になって小麦が一時的に品薄になったりと、食糧に関する問題がいろいろ起こりました。私は、土の塾の理念を受け継ぎ、日本に住む人の

畑の光景を今も俯瞰して思い出しています

全員が何らかの形で農に参加できる社会のモデル作りをして
いきたいと考えています。

*

いまの私は土の塾を離れ、新潟県長岡市で2,000㎡の土地
を借り、農に従事しています。2年目の今年は自然農法の考え
方と手法を取り入れ、不耕起・無肥料で米と麦の連作と各種
野菜の栽培、それに鶏を卵の自給用に育てています。

不耕起栽培のせいか、野菜は発芽してからの成長が著しく
遅く、ほかの畑と比べて収穫は著しく少ない現状です。しか
し、季節ごとに何かしら食物が育ち、コロナウイルスによる

世間の動きとは比較的無縁の生活を送ることができています。

輸入に依存している現在の日本の食糧事情から離れること
で、食糧への不安をそれほど感じずとも良い状況です。精神
的にも安定できていると感じています。国民が何かしら農に
携われる機会を作れば、自然が続くかぎり人間も生きていく
ことができるのではないか、そう考えています。

おしまいになりますが、私自身が現代の生活様式から完全
には抜け出せず、反面教師的に偉そうに書いてしまっている
ことをお詫びしたいと思います。

響きあういのちの喜び

榊原 雅晴

「京都土の塾」の活動を知ったのは2007年のことでした。八田逸三さんの絵本『コッコちゃんの物語』（文芸社）を読んだのがきっかけです。メンドリのコッコちゃんと、8歳の人間の少女いずみちゃんの物語。

健康が優れないいずみちゃんが元気になるよう、自分が産んだ大切なタマゴをコッコちゃんが差し出す場面が印象的でした。私たちが生きることは、他の生命を奪うことにほかならないことを教えてくれるものでした。だからこそ食べ物に敬意を抱かなければならない。当たり前といえば当たり前のことですが、改めて突き付けられると、やはりドキリとさせられます。

この絵本が描かれたのは旧丹波町の養鶏場で鳥インフルエンザが発生しニワトリが大量死し、養鶏場の会長夫妻が自殺するという痛ましいできごとの直後でした。ニュースを聞き、八田さんは、なにかに突き動かされるように物語を書きなぐったそうです。

「私たちは、なんだかいやな感じのするエサを食べて、毎日毎日タマゴを産んできました。タマゴが産めなくなると、すぐ外に連れ出され、肉にされたり捨てられたりするっていうことも知っています」、「もう、苦しみながらタマゴを産むのはいや。私は疲れてしまったよう」。

ギュウギュウ詰めの鶏舎で命を失ったニワトリたちの訴えは、コッコちゃんの子孫たちの叫びに重なります。ゴリラ研究の山極壽一・前京大総長は絵本の解説で、「八田さんの体に

はたくさんの "怒れる生命" が宿っているのである。この世界で不当に扱われている小さな生き物たちの想いが、八田さんの声を通じて伝わってくるのである」という言葉を寄せていました。私もそのとおりだと感じました。

そんな八田さんたちの仲間たちが集まる「土の塾」ですから、「みんなさぞかし生真面目な人たちばかりなんだろうなあ」と想像していました。

普段は動物に思いをはせることもなく、食に対する節度にも欠ける私は、だから初めて「森の部」の活動を見学したときは内心びくびくしていました。求道者みたいに厳しい人たちばかりだったら嫌だなあ……と。

ところが、森に集う人たちの姿はなんとも陽気で伸び伸びと楽しげでした。それぞれが自分のペースで山に入り、和気あいあいと竹林の手入れをしています。使い込んだ自前の道具を持ち、自慢げに見せ合ったりしている。誰かの命令一下、整然と効率的に山仕事をこなすという雰囲気ではありません。なにより、焚き火を囲んでの雑談は心底楽しいものでした。「山の肥やしは草鞋の踏み跡」という言葉を教えられ、「これぞ里山づくりの極意」と得心したものでした。

とりわけ感心したのは、竹林を伐り開いた広場に築いた「響きあういのちの舞台」です。焚き火を囲んで談笑するうち、歌声がよく響くことに気づき、舞台づくりを思い立ったというのが愉快です。こけら落としのコンサートでは、オペラ歌手の歌声に合わせて鳥たちがさえずり、森を抜ける風が木々

共同作業の崖の斜面で。それぞれ居場所を確保する

の梢を揺らせます。マイクやアンプを使わない歌声は竹林に心地よく響き、ケモノたちの鳴き声がアクセントを添えます。

そんなハーモニーに身を委ねていると、「ここには"怒れる生命"なんていないのだ」という確信を抱きました。もちろん、生態系の中での生き物たちは、「食べ、食べられる」関係にあります。しかし、森の中の生き物たちは「食べ、食べられる」という厳粛な循環の中にありながら、一瞬々々の命を力いっぱい輝かせている。生きている喜びが、森の気配を通じて伝

わってくるのです。

たくさんのニワトリを死なせた鳥インフルエンザや、現在の世界を揺るがせている新型コロナウイルスは、人間と生き物たちとの関係の問い直しを迫っています。

響きあういのちの実践が、一つのあるべき道を示しているように思えます。

（元毎日新聞 京都支局長）

「石作のサグラダファミリア」の補修に挑む

小林 裕一

リーダーを引き受けた折、さつまいも畑の屋根や周囲の竹柵も限界だと思ったが、何から手を付けてよいか途方に暮れた。そんな折、たまたま、師匠との雑談時に、「これは、わしが作ったんや」と言われ、作った時の苦労や竹の接合の仕組みなどを説明してもらった。

ところが、実際に着手するのは翌年と決めていたので、メモを取ることもしなかった。まさか、その数か月後に師匠がお亡くなりになるとは……。最後まで私は知らなかった。

あるとき、魚の肥料置き場の床材の板を貼ったとき、最後に数センチの幅が余った。「まあいいか」と、私は帰宅してしまった。ところが、その日の夕刻に師匠が現れ、床板を全面的に貼り直されるということがあった。見えない部分にも、細部まできっちりと仕事をすることの大切さを教えてもらった気がする。

メンバーの協力を得て、屋根や竹柵の補修に着手したが、相当な時間数を費やすので、嫌になる瞬間がある。たくさんの杭や竹も必要だが、杭を一本作るにも、丸太を切り、縦に割り、先端をとがらせて焼くまでの作業が必要になる。地中に埋める部分を焼くことで腐りにくくするのだが、五十肩には心底響く作業になる。それでも、師匠の笑顔を思い出すと頑張れる。

歴史遺産のような、この石作のサグラダファミリアのさつまいも畑を守っていくメンバーの方々、嫌な顔一つせず竹を運んでくださる高橋様、来年度もよろしく。

お芋のことをまず勉強してからね。幼稚園児のさつま芋堀り

「木登り」と「井戸掘り」

清水 茂也

　私たち夫婦にたくさんの協働・会話と食卓を賑わせてくれた「土の塾」の20年、思い浮かべても多くのことがありすぎて語れないくらいです。「あの時は……！」、「あの事は……！」から始まって、「……だったよ！」です。

　私の"あの時、あの事"は「木登り」と「井戸掘り」かな？塾活動は野菜などの育成・収穫・食が中心ですが、それは少し変わった「……だったよ！」でした。

　木登りには癖になる楽しさがあり、ここが魅力でした。

　最初に登ったのが、畑の谷川に生える檜と杉の高木2本の枝打ちのため。手の届く枝から登りはじめ、上の枝を足場に邪魔な枝先を切りながら段々と登り、次は降りながら枝を木の付け根から切り落とす作業。もちろん我流で！　高木の恐怖感もありましたが、野菜作りとは別次元の挑戦、爽快感・達成感が感じられたのです。

　次が「野生の森」。檜や榊が集まっている丘を登る場所に選び、ここを「鎮守の森」と勝手に名付けて、檜に登って枝打ちを始めました。

　檜は根本の方には枝が無く、枝のあるところまで登るために"忍法ぶり縄の術"を研究。短い棒にロープを結びつけただけの秘伝の道具で木を登る忍法で、この術の研究と技の習得に励んだものです。

　登った木の上で幹に手足を絡ませ、風に揺れる景色の心地よさを"独り占め"。たまりません。

　高所とくれば低所を、というわけではないのですが、今度は縁があって「井戸掘り」を承る……。

「空を独り占めだ！」。杉の枝打ちで

　「地面に伏せた茶碗を各所に置き、茶碗内の水滴が多い所を掘れば井戸になる」とのお告げに従って某所を選定。ここでも道具は質素。ショベル、鶴嘴（つるはし）、バケツと釣る瓶（つるべ）、それに人力。これで露天掘り。ショベルで土が投げ挙げられなくなったら、バケツに入れて井戸の釣る瓶式で縄を引いて引き上げ、穴から外に土を運び出す。

　深くなるにつれて不安になるのが土砂崩れ。防ぐ材料は山にある竹しかありません。木は加工が大仕事になるため諦めて、竹を切って割って穴の内側の周囲壁に立てる。倒れないように、横棒で突っ張るのみ。諦めてはいけないと思いながらも、掘るにつれて土砂崩れ恐怖感は増すばかり。月1回の作業で1年半くらい、そう4mくらいは掘ったでしょうか？

　今は、放棄した遺構が山に名残りを残しています。

あの時 私は若かった

高橋 康江

土がカチンカチンで、根性との勝負でした

　私の夢は、田舎に住んで家の周りで花や果物や野菜を作って暮らすこと。

　でも、現実は無理。そんな時、市民新聞で見た「NPOの京都土の塾」のことを知り入会。

　上京から洛西までよく通った。ニュータウンを抜けて大原野に出ると、日本の原風景のような美しい里山が見える。

　土の塾ではいろいろな野菜を植えたが、収穫できたのはジャガイモと竹の子だけ。でも、収穫祭でご馳走を食べたり、コンニャク作りを体験したり、竹を切ったりする「田舎暮らし入門」は楽しかった。

　3、4年通ったが、遠すぎて挫折。2年前に老人園芸広場に当選して1年目は通ったが、2年目はほったらかし。

　やはり家の周りで畑がしたい。

収獲を祝う

収穫祭の品評会。講評する塾長は褒め上手で、けなし上手

深まった家族の絆

井上 邦子

　私が塾生になったのは、土の塾がスタートした翌年の7月。先に入っていた親しいお友達に誘われたのがきっかけでした。それまで農に特別深い関心もなく、スコップひとつ握ったことのなかった私です。ここまで続けてこられたのは、一緒に作業をしてくれるお友達のおかげです。

　最初の数年間、当時は学生だった息子と娘が畑を手伝ってくれたことも大きかったように思います。ワイワイ言いながらみんなで土を耕し、種を蒔き、収穫し、「おいしいね」と喜びあえたこと。そんな1年1年を積み重ねて、気づいたら20年が経っていたという感じです（笑）。

　親子の思い出で特に印象に残っているのは、蕎麦プロジェクトの製粉作業です。今は業者に委託していますが、塾の発足当初は、収穫した蕎麦は石臼で粉に挽いていました。石臼を自宅まで運んでもらい、親子3人でおしゃべりしながら粉を挽くのは楽しい作業でした。

　ところが2月のとある日の雪が舞う塾の広場での蕎麦挽きは、うって変わっての苦行（笑）。石臼はテントの中に設置されていましたが、2人が入るのがやっとの広さの極小サイズ。はみだした1人は、寒風が容赦なく吹きつけるなか、交代を待ちながらガタガタ震えていました、その寒かったこと。

　当時を振り返り、「よりによって、なんであの日だったの」と娘から問われても、何故だったのか？　あの頃の2人は、文句も言わずに素直だったのになあ。

　子どもたちは独立し、かつてのように畑に来ることはありませんが、私が塾で作った野菜を味わうことで、土の塾とつながっています。

　決して多くはない収穫物を親子で大切に分け合うと、土の恵みをいただいているという気持ちが一層増して、味も特別に感じられます。

　今も昔も、土の塾は親子の絆を深めてくれる大切な場です。

仕事忙しかったけど、畑にきてよかった！

大切な友へ

内田 美紀

「竹の器を80人分作ったよ」。収穫祭で

去年から「京都土の塾」に仲間入りさせてもらっています。つまり今は「塾生」。良い響きでしょう？　塾生はそれぞれ希望するプロジェクトを選んで作物を作っています。

春には筍。筍って地下で全部茎がつながっていて想像していたよりも掘るのが簡単じゃないの。

初物は猪に食べられたけど地面から出ている緑色の可愛い頭を見つけた時は思わず「あった〜」って叫んじゃったよ。おむすびを包むのにぴったりサイズの竹の皮を竹林で見つけるのも楽しい。

生まれて初めて夏野菜を収穫できたときは嬉しかったな。週一しか畑に行けなくてキュウリが巨大化していたり、パプリカは赤くならずピーマンの親分みたいだったり、オクラは固くて噛みきれなかったり……。それでも汗水流して育てた野菜はこれまで食べたどの野菜よりも美味しかった。

月に一度は塾の共同作業日。その日は年齢も体力も違う塾生がそれぞれのやり方で力を合わせて働くの。中でも女性達のかっこいいこと！

自転車やバイクや車で急な山道を上ってきて、畑では汗水流して作業して、帰ったら家事。

信じられる？　優しくてしなやかに強い——まさしく地に足を着けて立ってる感じ。いつか私もあんな風になれるかな。

今年はコロナウイルスで外出もままならない中、春には初めて杏のお花見。淡い紅色のお花に癒された〜。唯一、畑だけはウイルスとは無縁の安心できる場所。自然のすごさに感謝です！収穫した貴重な杏の実はシロップ煮にしました。

梅雨入り前にはニンニクの収穫。掘り出して何本か束ねたらうちのベランダに吊して。なにせ完全無農薬・国産！優しい味わいのニンニクでした。

秋には収穫祭。畑で採れたとりどりの野菜をいろいろに調理して皆で頂く。大地の恵みに感謝する日。

そこでまたもやびっくり！お皿やお椀やお箸まで手作り。竹を割ったり切ったり削ったりして作るの。お味噌汁の中のお揚げも大豆プロジェクトのメンバーのお手製と聞いて驚いたよ。どれもこれも全部おいしいの。

蕎麦も初めて。植え付けが遅れてなかなか大きくならなかったけど途中から頑張ってくれた。ホッとしていた矢先に今度はイノシシに荒らされてしまった。でもめげずに苗を起こしてなんとか収穫。実を一粒一粒磨いて念願の蕎麦打ち。自分で育てて打った蕎麦に大満足。

せっかく育てた野菜をけものに食べられる。とても悔しいけど良くあること。自然の中で生き物たちと共生しながらやっていく。むしろ大自然の中に私達人間がお邪魔して畑を耕し野菜を作る。無事に収穫できるかは自然にお任せ。植えたあとは大地に預ける、そんなイメージかな？

20年もの歴史がある塾の中で、ほんのひよっこの私。わからないことだらけ。これからも心と体を存分に楽しませながらやっていけたらいいな。

土の塾2年生の今、そう考えています。

縄文の憧れ

奥西 能彦

今日の森飯は、冬瓜の
器にいれた冬瓜スープ

　塾長に誘われ、土の塾に入会しました。定年退職後の体を持て余していた時期でしたので、飛び付くように入会を承諾し、竹切りに励んでいました。

　山での作業は、竹藪の伐採、台風による倒木の処分、マツタケ林（アカマツ林）の下刈り作業等です。休憩所、用具保管庫として山小屋も作っています。山の木を切り出し、素人のメンバーによる山小屋の建設も大きな仕事です。

　そういう本来の作業に加えて、囲炉裏の火を囲んでの宴会、山菜を食す昼食会、野外音楽会、正月の餅つきなどは、山の仲間との山暮らしの真似ごとの楽しみです。いつの間にか、山で暮らす「山人間」になってきました。

　木の伐採にチェンソーは使わないなど、動力で動く機械は山仕事に一切使わない。山小屋にも電気照明は使わないなど、塾長の考えに徹した山暮らしの擬似体験を繰り返すうちに、あたかも古代の縄文人になってきたような気がしています。

　一文の手当てが入ることも期待せず、真夏の作業では熱射病の危険も厭わずに、汗で濡れネズミのような姿で作業に熱中。あたかも、これが楽しいのだと言わんばかりメンバーの姿を見るにつけ、山は人をこんな風にさせるのかと。縄文人の再現です、森は誠に魅力的です。

　山菜のウド、ワラビも、山の果実のクリ、アケビ等も好き、ジビエも好き、サトイモのような粘り気のものを好む。縄文の貝塚から出てくる貝殻、魚や獣の骨等から、縄文人は相当なグルメであったと想像できます。

　グルメを好み、焚火の揺れる炎にやすらぎを感じる人は、周りに多勢います。私もその一員。縄文人になったような気分です。

　今の我々日本人は、縄文の時代に生まれたと考えられる神話を違和感なく受け入れ、神秘漂う縄文の心を持って生きているようです。いまだに縄文が渦巻いています。私も先祖は縄文人だったのではないかと、自ら疑い、驚くことがあります。

　縄文人の暮らしは素晴らしい、山里の暮らしは素晴らしい。その縄文人と弥生人とは、長い時間をかけて同化して今の日本人が出来あがったのではないかと言われています。

　弥生の頃には稲作が始まり、米を蓄えることができることで、初めて財を持つことができるようになりました。財を成した者が出始めると、格差が生まれます。争いも生まれます。

　しかし、縄文人の遺跡からは殺しの痕跡は見当たらないと言われているように、本当に平和な世、平等な世であったように思われます。これは憧れです。縄文の暮らしを擬似体験させてくれた土の塾に感謝です。土の塾の「森の部」を提供いただいた関係者にも、共同作業の仲間にも感謝です。

　塾に管理を託されている森の孟宗竹林では今以上に立派な美味しいタケノコが採れ、赤松林からは松茸がニョキニョキ生え、渓流には沢蟹が戯れ、ヤマザクラが咲き乱れる里山に早く戻ってくれることを願っています。

　花見を楽しみ、酒あり、グルメあり、音楽会ありの山里の暮らしが早くできることを、土の塾のメンバーのみでなくご近所の住宅街の皆さんと共に楽しめる、そんな今風の里山がこの桂の里に実現することを願っています。

土とあそぶ

押田 幸子

　まったくの初心者ではじめた土いじりでしたが、早や20年がたちました。

　その中での一番の思い出は、今はパーコラになっている所で作ったじゃが芋畑です。スコップ1本での畦づくりに、未経験の私は粘土質の土にてこずり、ひと掘りしてはスコップから土を手ではずすのくり返しでした。でも、なぜか楽しかったのです。近くの農家さんには、「こんな所ではなんにもできへんわ」と言われ、「なにくそ」と思いながらの作業でした。

　ところがです。なんでも早く見たい私は、収穫期が近づくと塾長さんと一緒に、一番にためし掘りをしたのです。するとなんと、白くて丸々と太った、大きなじゃが芋がゴロッとでてきたのです。あまりのうれしさに、二人で大きな歓声をあげました。今でも思い出しますが、その時に収穫したじゃが芋のホクホクのおいしさは一番だったように思います。

　それからも、初めての田植えで、大人も子供も泥だらけになってやった代かき、四苦八苦して作ったたいまつで田んぼをまわる「虫おくり」、夕暮れ時にみんなでの落穂拾いなど。

　雪のちらつく中での小麦の種まき、なぜか月あかりの中で植えた玉ネギの苗、せっかく作った大豆や、そば、さつまいもなどをケモノたちに盗られて、がっかりしたことも何度かありました。

　そんなこんなで、今も土とあそんでいます。いや、土にあそんでもらっているのかな。

時には静かな語らいの時もあります

命はぐくむ土の塾

藤井 雅子

みなさん、こんにちは！

土の塾20周年、おめでとうございます‼

私は今、これを産婦人科の病棟にて書いています。一昨日、第二子を出産しました。小さいながら、皆が驚くほど元気な産声を上げて、こちらの世界へやってきてくれました。

さて、私と土の塾との出会いは2014年だったでしょうか。向日市から洛西地域へ越してきたのを機に、貸農園を探していたところ、NPO法人 京都土の塾のHPを見つけたのです。

早速、塾長に連絡を取り面接⁉。自転車で彷徨うこと1時間、うっそうとした山のふもとに辿り着いて途方に暮れていたところ、道を尋ねた村人、まさにそんな感じの方が親切にも軽トラの荷台に自転車を積んで私を土の塾へと送り届けて下さいました。入塾前からなかなか手ごわい塾です。

面接での八田塾長は、顔に止まった蜂を"共存しています"と追い払うことなく話し続けられ、当時の私にはそれが衝撃的で話の内容は何ひとつ記憶にありません。

やっとの思いで辿り着いた、どこか懐かしい原風景のような場所と塾長の堂々たる行動に惹かれて、すぐに入塾を決意しました。

米、胡麻、蒟蒻、大豆に生姜、玉ねぎ、にんにく、きのこ、芋類、果樹……。大センパイ方にご指導頂き、とにかく何でも手を出してみました。

"農作物を育てる"と、ひとことで言っても、草ボーボーの土塊だらけの土地にスコップを入れ、耕し、畝を立て、肥料を運び入れ、苗を植えるまでにいくつもの重労働があることを知りました。そこには自然から頂くエネルギーが不可欠であること。そして、それまで当たり前にあった太陽、水、その他の生物といった諸々に深く感謝するようになりました。

少しずつ少しずつ、自然界の恵みを頂き、自分で作る喜びを感じ始めた矢先、第一子を授かりました。十月十日の経過は順調、塾長のススメもあり直前まで動き回っていたおかげで超安産でした。

産後復帰のはじめての作業は椎茸のホダ打ち。高橋武博リーダーの指導の下、長男を寝かせたベビーカーを隣に置いてドリルしたことをよく覚えています。

その長男の奏も早いもので4歳になり、一緒に畑へ繰り出してミミズをつかまえたり、水やりをしたり、昨年は種イモの準備から植え付けまでをしてくるようになりました。

調理した収穫物を食卓に出すとき、「このご飯は奏が泥んこになって植えて、ヨイショと運んで足でくるくる回してくれたお米やでー」と言うと、嬉しそうにパクパク食べます。(言わなくてもパクパク食べます)。

自分でも、「これはカナデが、うんとこしょどっこいしょしたおイモやでー」と自慢げに父ちゃんに話していたこともありました。土の塾での経験を通じて、命の有難さを感じてくれていたら嬉しいです。

私の楽しみのひとつに、「収穫祭」があります。収穫した農作物が瞬く間においしい料理に変身し、みんなで囲む大きな塾卓。お箸やお皿といった食器まで、全て手作りで無駄が一切ないことにも感動しました。

「私は踊り、3歳の息子と夫は太鼓」。ジャンベ演奏でみんなも踊った収穫祭でした

　2017年には、念願叶ってアフリカの太鼓と踊りを演奏させて頂きました。最初に塾を訪れた時から、「こんなところで太鼓を叩いたらいい音が響くだろうなあ、踊ったら気持ちいいだろうなあ」とぼんやり思っていた夢が現実になりました。

　翌2018年は、塾生有志のみなさんも巻き込み、みんなで踊る踊る！　ヤミ練の時からノリノリだった古徳ご主人の笑顔が、本番ではより一層輝いていました♡

　加賀谷さんちのご子息カズくんも、オープニング演奏で飛び入り参加♪　場を盛り上げてくれました♡

　私たちが奏でる西アフリカの音楽も、自然やその他の神様に感謝し、人の暮らしと共に在ります。"雨乞い" や "収穫"、"祝い" といったリズム（曲）が存在し、今でも現地の村々では老若男女を問わず、みんなで手拍子したり、ステップを踏んだり楽しんでいます。興味を持たれた方、ぜひ次回は一緒に奏でて踊りましょう！　飛び入り参加大歓迎♪

　決して几帳面でも努力家でもない私の畑はいつも草ボーボーで、お隣ご近所さんには迷惑をかけてばかりですが、あたたかく見守り、支えて下さる先輩方のおかげで我が家の大切な宝物（長男・奏 2015年生／次男・輝 2020年生）を授かり、育むことができています。本当にありがとうございます。

　これからも "生かされている" ことへの感謝の気持ちを忘れず、家族で楽しい時間（＆つたない作物）を紡いでゆきたいと思っています。草ボーボーの畑を含め、どうぞよろしくお願いいたします。

　ここで、お願いをもうひとつ。私がお餅つき・返し手の師匠と仰いでいた大平一夫さん。大平さんからの教えを受け継ぎ、さらなる上達を目指すには経験が必要です。お餅つきがあれば、ぜひ藤井家にお声がけください。夫婦でテンポよく、おいしいお餅をつき上げます！（息子は食べる担当）（笑）。

　最後になりましたが、記念すべき文集に関わらせて頂き、重ねてお礼申し上げます。

　これからも京都土の塾が末永く発展し、美しい地球が何世代も続くことを祈念しています。(2020年5月)

主食をつくり、学び、感じたこと

嘉門 洋介

「お米をつくってみたい」、日頃から何となく思っていたことをきっかけに、土の塾の活動に参加することになった。

お米に興味があったのは田舎のお爺ちゃんの家で作っていたからだろう。どことなく懐かしく、田んぼの風景も好きであったからだと思う。大きくなってからは、お米は買うものになった。それでも、自分で作って食べることができれば、すごく楽しいじゃないかと思っていた。

きっかけは気軽でも、全て手作業なのだから、実際にはなかなか大変な作業だ。冬の荒起こしから始まり、代掻き、田植え。ここまでで一息と思いきや、放っておくとどんどん草が生えてくる。顔を稲にすれすれに近づけながら、黙々と草を掻く。一通り終わると水面がすっきりして、何とも気持ちがよい。田んぼにセリが生えるものだと、初めて知った。

稲をよく観察していると、場所によって明らかに成長が違う。沢水が入ってきているあたりは余り伸びていないような。おそらく水温の違いかと思うが、聞くところによると植えた苗の深さによっても成長は変わるらしい。いや、奥が深い。

全て手作業だから、気づくこともあれば、難しさもよく分かる。雑草の生え方も場所によって違う。稲の成長が良いところは雑草もよく生えている気がする。

7月頃までは成長の悪い場所の稲が大きくならないので気を揉むが、本格的に暑くなるとググググっと伸びてきた。最後は、どこも大きさは変わらず稲穂が膨らむ。稲の中で何が起こっているのだろうか。本当に不思議だなあと考える。

9月になると、穂が垂れていよいよ収穫が近づいてきた。

ふと目を向けると、稲が丸っこく束ねられている。誰かのいたずらかと思えば、カヤネズミという小さなネズミの仕業らしい。中はからっぽだったから、親子で引っ越したのかな？農薬を使っていないから、いろいろな生物がいて、何だか楽しい。

10月になり、いよいよ収穫。稲刈り、はさがけ、そして倒壊──。うまく組むにはちょっとしたこつがあるのだろう。試行錯誤しながらも、よいものである。

脱穀も手作業と知ってびっくりするが、少し遅くなった11月になって取り掛かる。唐箕の加減が難しい。2回通してようやく完了。手間暇かかったが、精米して食べたときは美味しい。嬉しかったのはもちろんのこと、自分の手作業で作ったものが普通に食べられることが何となく不思議な気分。普段は買っているものが、「自分で作っても食べられるものなんだ」と感じ入る。

並行して作っていた大豆も収穫。こちらは家に持って帰って少しずつ殻から豆を外す。だが、先に虫が食べてしまっているものも結構ある。なかなか綺麗な豆は残っていない。カメムシをあまり駆除しなかったせいか、それとも株間が近かったせいか、などと考えながら黙々と殻から豆を外す。これがまた楽しい。

冬には小麦に挑戦。畑に播種する余裕がなくて、自宅のベランダで発芽させてみた。トレイにみっちり蒔いたからか、フサフサの芝生みたいな苗が出来上がっていく。

本格的に寒くなると根付かなくなるかなと心配して、12月

田植え。仲間がいて心強い

の中頃に移植しにいく。根が互いに絡んでいて、ほぐすのが大変だ。一つ一つの苗を畝に刻んだ溝に並べ、土をかけて起こす。また起こす。黙々とこれを繰り返す。さすがに寒くて腰が痛く、辛くなる。それでも続けて、2日がかりでようやく終わった。

きちんと根付いてくれたみたいで、小麦は強い植物なのだと、いたく感心する。しかし、周りの畑に比べると、明らかに苗がひょろひょろだ。トレイで苗づくりしたからだろうか、大丈夫だろうかと心配になるが、まあ、何とかなるだろう。

麦踏み、土寄せ、草引き、そして春になっていよいよ収穫。心配だったひょろひょろの苗も、立派に育ってくれた。

稲に比べると、藁は柔らかくて軽いので運びやすい。その分、ちぎれやすくて種も穂から外れてしまう。外見は稲と似ているが、扱ってみると全然違う。これも手作業だからこそいろいろ実感できるのだなと納得する。

小麦も家に持ち帰って少しずつ脱穀しようか。静かに脱穀する時間もまた楽しいものである。

米、大豆、麦——日本人の主要な穀類。どれも自分で、しかも手作業で作れてしまうものだと感心する。しかし、よくよく考えると昔から食べられてきたのだから、それも当たり前だと気づく。なんでも買って食べるのが普通の時代だから、逆に不思議に感じるだけなのだろう。

普段の暮らしの中に農作業を取り入れると、確かに大変なことも多い。だけど、汗をかきながら手作業をしたり、収穫できた作物を楽しんでみたりと、豊かになる部分が多い。

手作業であることで発見することも多い。静かに手を動かしながら、もの思いにふけることが性に合っている。学ぶことも、また良いことである。

これからも自分の暮らしの一部として楽しみながら、塾の活動から多くを学び、発見したいと思う。

おはぎ

吉川 紀子

日曜日に大原野の畑におはぎを持っていくとなると、
段取りは金曜日から始まる。
金曜日の晩、まず小豆を水に漬ける。
土曜日の朝、小豆を放いて、炊き上がってから水にさらし、
畑に作業に行って、晩にあんこをつくる。
日曜日の朝、もち米を炊いて、おはぎをにぎる。
100個ぐらいにぎる。

大きな重箱に2段、自転車に積み込んで畑へと急ぐ。
おはぎの重さが心地よい。
みんなの喜ぶ顔が目に浮かぶ。
早く早くと、ペダルをこぐ。

10年前にがんの手術をした。5年後には再手術した。
養生のため家にいたころ、ちょうど娘が結婚で、
息子が転勤で家を出て行った。

仕事にでかけた夫が居ない家は、がらんとしていて、
ひとりでいるのはしんどかった。
なんにも手がつかない。なにもやる気がでない。
そんなとき「土の塾がスタートするよ」と教えてもらった。
「私のしたいことはこれだ！」と、飛びついた。
土いじりは好きだったけれど、
こんなに気持ちの良いものだとは思わなかった。

ひっつき虫をいっぱいくっつけて、「今日もいろいろ働いたなあ」

畑に行ったら元気になる。
ごそごそ考えていることも、どこかに飛んでいってしまう。
病気のことも開き直って考えられるようになった。

主人が、畑のことにかまけている私に、ちょっと苦情を言った。
娘がむきになって言ってくれた。
「お父さん、そんなことお母さんにいわんといて。
お母さん、畑で、それはうれしそうなんやで。
畑やってると、元気になるんや。
お母さんにあんな笑顔してもらえるだけでも、ええやんか。
私は、畑があってどれだけよかったかって思っているのに」

主人は、それから何もいわない。
私は、またおはぎをつくる。
せっせと畑に通う。

自然の息吹とともに生きる

橋本岳人山

　手をかければ、必ず応えてくれる。そんな思いを胸に、八田逸三塾長はじめ大勢の方々が、荒れ果てた土地に第一歩を踏み出されたのが、昨日のように思い出されます。来る日も来る日も前に進まない開墾作業。心が折れそうな日が続いたことと推察いたします。

　しかし、みなさんの知恵と汗の結晶が実り、ついに初めての収穫祭が出来るまでになり、その上ハリウッド・ボウルのような立派な野外ステージの完成にいたりました。私は幸せなことに、そこで初めての演奏をさせていただきました。

　各自がただひたすらに自然と向き合い、己と向き合い、収穫という一つの節目を迎えるたびに互いの労をねぎらい称え合う。そんな集いが京都土の塾であります。

　今日では、大きな組織となり、多くの方々が自身で選んだプロジェクトに携わり、苦難に立ち向かい、完成を称え合う光景は今も続いていると聞き及んでおります。その光景は絶えること無く、今後も京都土の塾は永遠に生き続けていくことでしょう。

　八田逸三塾長はじめ、皆々様のさらなるご発展を、心から祈念いたします。

（尺八奏者）

尺八コンサート。大原野の山々も喜んだろう

ベタ畑日記 Better & Better

相田 雅子／津熊 陽子／中川 直子／野中 砂千子

京都・西山のふもと土の塾で、
身体と地球にやさしい生活をめざして動き始めた4人の、
のんびり、ほっこり、にっこりな日々…。
ここに記したのは、2011年9月から2012年6月までの
「ベタ畑日記」の抜粋です。

玉ネギの苗床の完成

「かんにょい」で稲束を背負う

玉ネギ種を蒔きました　（2011年9月23日）

　玉ネギはとっても小さい種でとってもデリケート。まず蒔き溝の土を角材などで水平にします。少しでも傾いていると水やりの時に種が流れてしまいます。

　そこに、土を落ち着かせるためたっぷりの水をやります。水がしっかりしみ込んだら、蒔き溝に乾いた土を2センチほどかけ、もう一度水平にします。

　次に、重い角材で蒔き溝をかるく押圧。蒔き溝いっぱいに種を等間隔に蒔き、細かく砕いた覆土用の土を、種が見えないように、かつ深くかぶせすぎないように撒きます。最後に麦わらで日よけを作り、上から水をやります。

　苗が育つ11月ごろに定植、収穫は翌年6月上旬ごろ。長期戦です。でも玉ネギ、めちゃくちゃ甘くて美味しいのです。このまま荒らされることなく収穫できる日が楽しみです。

（野中砂千子）

お米の脱穀（2011年11月4日）

　稲は、カラッと晴れた秋の日に、3〜4日干せばよいらしいのですが、雨も降るわけで…。結局、私たちは2週間干しました。

　気持ちよく晴れたこの日、ハザ掛けから稲束をおろし、下の作業場まで、一輪車や「かんにょい」で運び降ろしました。「かんにょい」は、「簡荷負い」と書くらしいのです。借りた かんにょいは、稲わらで編まれた実に簡単な作りで、わらを一本のひも状に編んであって、ランドセルの肩ひものように肩に当たる部分だけは太く編んであります。たくさんの稲束も簡単に括れ、背負えば、稲束がさらにしっかりと束ねられるよう力が働きます。昔の人の知恵ってほんとうにすごい！脱穀は、「千歯こき」や、木製の「足踏み式脱穀機」での作業。干し方が不十分だと実離れが悪く、作業がはかどりません。3度目となる今年は、なかなかどうしてスイスイ進みました。

　もち米の収穫量は2区画で30kg。精米して玄米にすると21kgになりました。

（相田雅子）

石窯で初めて焼いたピザとパン

初体験の石釜焼き（2011年11月13日）

　土の塾の広場にある手作りの石窯で、ピザとパン焼きに初めて挑戦しました！ 窯の中で薪を炊き、温度が十分に上がったらピザを入れます。焼きあがったピザとパンは、なんともいえない美味しさでした。　　　　　（中川直子＆津熊陽子）

ウドを探して！（2012年1月8日）

　ウドってどんな姿かたちをしているの？ まずそれもわからなかった私。実物を見せてもらうと、枯れてはいたけれど、茎の生え際にはチクチクとした毛がびっしり。

　畑の奥へ探しに行くと、「あった！」。でも心配で仲間に確かめ、2本のウドの周りを竹と藁で囲い、私たちの名札を立てる。囲った茎は白く育つので、その部分を食します。この日見た私たちの金柑。たくさんの実をつけました。苦味はなかったのですが、甘味も少なかった！　（中川直子）

女王蜂騒動　（2012年6月12日）

　みんなで蜂の巣の観察をしました。

　小さな六角形の中に、卵があったり幼虫がいたり、蜜がたまっていたり…。働き蜂の中に1匹だけ、体が大きくてシマシマが無い蜂が女王蜂です。女王蜂は、一つの巣箱に1匹だけいるそうです。

　白いサナギみたいに見えるのは「大台」といって、女王蜂のお部屋です。ところがこの観察をしていると、女王蜂がポトっと地面に落ちてしまいました。女王蜂は羽根が無いので自力で巣に戻ることができないとのこと。慌ててみんなで探したのですが見つからず…。巣箱にもう1匹、女王蜂が育っていることが確認でき、一安心でした。

　もしかしたら、落ちてしまった女王蜂は弱っていて、もうお仕事は終えたと思ったのかもしれません。

　　　　　　　　　　　　　　　　　（津熊陽子）

ぼくはこのお餅の、「おいしい」の中身を知っている

尾崎 史明

塩水に、卵を浮かべて種籾選別
沈んだ種を袋に入れて 池に浸けたら一週間
ぷっくり膨らみ根が出てきた

子どもと一緒に種をまく
今年の田んぼがはじまった

陽当たり悪く モヤシになった種を見て
今年はダメかとドキッとした

場所変えし 元気に育った稲の苗
田んぼにきれいに並べてく

炎天下の中の草取り後
井戸水とても心地よい

すくすく育って花が咲き
これでようやく一安心

安心束の間大仰天
2年ぶりに猪鹿入る

テントを張って3週間
やっと迎えた稲刈りは冷たい雨が降っていた

天気が続いて乾いたお米
ハザから降ろして足踏み脱穀
太鼓と笛が鳴っていた

ほくたち、土の塾の広場で、結婚式を挙げました!

籾が袋に収まって、ようやく胸を撫で下ろす

籾摺り精米浸水し
水をよく切りセイロで蒸す

杵と臼で搗いた餅
おいしいの中身を噛みしめる

来年はどんなおいしいが待っているのか
大変承知でまた種をまく

土の塾で過ごした時間が
豊かな生活を歩むきっかけとなった。
季節に合わせて手を動かし、
最後においしいが待っている百姓仕事。
しっかりと、次へ繋げていきたいと思う。

野生の森の舞台

雪で薄化粧した森の舞台

「夢を集めて」が生まれたとき

宮田（山下）京子

　会社や社会の一員として生きることがとても難しいと感じていた20代の頃の私は、できるだけ自給自足の暮らしをすれば、あまり人やお金と関わらずに生きていけるのではないかと、畑に興味をもちました。

　それから土の塾に出会い、とても暑い7月の日に、初めて作業をした日のことを思い出します。

　初めての作物は大豆と里芋でした。

　植え付けの時期はとうに過ぎていましたが、塾の畑で育っていた苗をもらい、畑の空いた一角で土を起こして植えました。次の日に、植えた苗が生きているかドキドキしながら水をやりにいったこと、しばらくして大豆の葉が何者か、たぶん鹿にきれいに食べつくされ、あっけにとられたことなどが心に残っています。

　塾での出会いをきっかけにマンドリンを習い始め、初めて作詞作曲にも挑戦しました。バックグラウンドも興味の対象もさまざまな人たちが夢を語り、アイデアや技術を出しあって感動を生み出していく塾の営

歌は突然生まれました

みは、どこを切り取っても力強く美しくて、一生大切にしたいひとつの歌ができあがりました。

　結局、自給自足とはだいぶ離れた生活をしていますが、大豆には何か縁を感じていて、今も育てています。

　塾で初めて聞いた「風豆」という言葉や、花の時期には水がたくさん必要なこと。大豆のことに限らず、塾にいるときに触れた知識や味の記憶は体にしみ込んでいて、折りに触れ思い出すだけでなく、抽象的になって私の人生に生かされている気がします。大人になってから一番笑ったであろう収穫祭の夜の一幕も、忘れられない思い出です。

　何もないところから何かを育てる力、目の前の景色を変える力が私の中にもあることを、塾での体験が教えてくれました。そして今思うと、人との関わりを避けがちだった私にも声をかけ、励まし、一緒に笑い、手づくりの美味しいものを振る舞ってくれた塾の仲間たちとの、とても幸せな時間だったのです。

収穫祭でもみんなの前で歌いました

夢を集めて

作詞・作曲　宮田京子

夢がある　彼女には夢がある
青い竹に彩られた
森の中のコンサートホール

夢に見る　彼ははっきり夢に見る
一面輝く茶畑に生まれ変わった
あの大地を

夢叶えて　続きを生きる人がいる
山を持ちたかった　そんな俺が今では
誰よりこの山を知っている

夢抱いて　汗流す人たちは
やがて西のはずれ　山の麓に
小さな庵を結ぶだろう

まだ知らない夢がある
ひとつの夢は次の夢へ

揺れる炎に手をかざしながら
東に月を待つ人よ

照りつける日差しに　なおも俯かずに
丘の上を目指す人よ

その澄んだ瞳で　その伸びた背筋で
荒れ地に道をつける

夢叶う日　誰かがきっとそばにいる
あなたがいたから　ここに来られた
素直に微笑みかけてみる

夢みたいな　今を誰もが生きている
この花の香り　風の感触
夜空から見つめるあの光

夢の記憶　はかなくて途切れとぎれ
でも　懐かしい人に　いつか話そう
こんな夢を見てきたと

だから楽しい夢を
笑い転げる思い出を
愛して味わって集めて
いきましょう
生きましょう

清らかで深い至福感

三橋 研二

　京都 土の塾で活動をしていると、「清らかで深い至福感」を感じることがあります。いつもいつも感じるわけでないのですが、その至福感を思い出したときや特別な活動をしているときなど、ふとしたときに湧き出るように感じるのです。

　土の塾は、京都大学の桂坂キャンパスに隣接する森の管理を任されています。一昔前まではタケノコの農場として利用されていたのですが、放置されたことで竹が森に侵食してしまい、その竹を切って広葉樹の森に戻す活動をしているのです。

　広い区域に竹が旺盛に広がる中に、山桜が竹と競いながら生き伸びています。「竹を切るばかりではおもしろくない、この山桜を守ろう」という趣旨の下、一人ひとりに担当の山桜が任されました。周りの竹を切って、春には各人の山桜を観てまわる「山桜花見ツアー」を行いました。

　高さが20メートルはあろうかと思われる私の山桜の大木は、山の低い位置に延びる東海自然歩道沿いに生えています。大木の山桜の花見は東海自然歩道から見上げる花見です。ふと近くの尾根から見下ろすことができるのではと考えたものの、尾根から山桜まで、びっしりと竹が生えています。

　そこでせっせと500本くらいを切り倒すことにしました。次の年の山桜花見ツアーでは、皆さんに尾根から山桜を見下ろして楽しんでいただくことができました。自分の発想に自画自賛の気持ちと、竹を切りきった達成感に「至福感」を感じたものです。

　あるとき、森の活動として広場にステージを作ろうという話が出てきたのですが、その材料に間伐材を利用することに

なりました。土の塾近くの大原野の檜の間伐材をいただくことになり、土の塾メンバーが総出で急斜面の山から下ろしたのですが、誰一人としてそのような経験はありません。困難極まりなかったのですが、なんとかやりきりました。このときも「至福感」を感じたものです。その間伐材の製材は依頼し、角材にならなかった端材も、すべて引き取りました。

　なぜだったのか思い出せないのですが、当初の私は、森のステージの製作に乗り気では無かったのです。土台作りの整地作業などをされていても、それを横目に山桜保護のために放置された竹をせっせと切っていました。ところが、運び込んで積み上げられた製材済みの木材を見て、私もステージ作りに参加したいとの想いがふつふつと湧き上がったのです。こうして、遅ればせながら参加した次第です。

　このステージは、お能もできるようにと7.2メートル四方となり、竹に囲まれた広場には角材にならなかった丸太や竹を使用して、観客席も設けられました。ステージの袖には控え室を兼ねた小屋が必要だということで、その製作は私に委ねられました。そんなことができるのかと思いつつも、間伐材の端材や檜の皮を利用して、なんとか完成しました。

　何人もの労力、ほとんどが人力で完成した「野生の森ステージ」を見渡したときに「深い至福感」を感じたものです。

　この野生の森ステージを活用して、コンサートが開催されました。出演者は、京都 土の塾の趣旨に賛同いただいた方々です。こけら落としにはパンフルート、尺八、バリトンの演奏とソプラノ歌唱、朗読がありました。

森の舞台。親子3人で
故郷の歌が歌えた…

2年後にも、こけら落としで出演いただいた牧野元美さんのソプラノと同志社大学グリークラブの歌声を披露していただき、市民の皆様にも楽しんでもらえたと思います。

そのようなコンサート以外にも、塾生関係者を中心にステージを利用しています。いずれにしても生声・生音で電気や動力に頼らない表現の場として活用されています。正月には、牧野元美さんほかが出演する「歌い初め」があり、私の娘もサクソフォンで参加させていただいたことがあります。力強いサクソフォンの音色がステージから森の広場に響き渡り、街のコンサートホールとは違う感銘を受けました。

その後、他の参加者の全員もそれぞれステージに立ち、お気に入りの歌や音色を披露しました。私は妻と娘とステージに上がり、私のふるさとの「琵琶湖周航の歌」を歌いました。

土の塾に行くときに笑顔で送り出してくれる妻に感謝し、快く演奏してくれた娘に感謝し、すばらしい土の塾の仲間の皆さんに感動し、ふるさとを想うこころもあいまって、このときに「清らかで深い至福感」が湧き上がりました。

清らかで深い至福感は、こんなときにも湧き上がります。

周りの草木が少し騒ぎ出し、「くるな」と思った途端に麦わら帽子を飛ばす突風が湧き上がったとき。

遠くでゴロゴロ鳴り出し、ひんやりした空気を感じて慌てて広場に戻った途端に、大雨が降ったとき。

強い日差しの下での草刈りの共同作業で、なぜかわずかな草の日陰を涼しいなと思ったとき。

天敵のイノシシや鹿や猿が住まう山の森がきれいに紅葉したなか、ひときわ黄色く紅葉した一本の木を、何という木だろうかと考えつつ眺めているとき。

植えた苗が青々した稲に育ち、きれいな黄色に色づいた稲を刈り取った後、まばらな分げつの切り株を眺めているとき。

互いに苦労して育てたお米と大豆が見事に変身して、きなこ餅になったとき（おろし餅も好きです）。

手を抜いて耕して作った畝に、豆の形を残しつつ双葉を開きかけている大豆の力を感じたとき。

芽が出て、大きく育ったときの姿そのままに小さな葉をつけ、そのミニチュアの里芋の葉に水玉が乗っているのを見つけたとき……。ああ、きりが無いのでもうやめておきます。

こんな「清らかで深い至福感」を得られる土の塾は私にとってかけがえのないものです。

座談会

汗と笑の結晶！
「森の舞台」完成を祝って
語りあう 奥村 美保の記憶にもとづく感動の誌上再現

◆出席

島田靜雄＋西村信哉＋古徳真人＋平岡千加子＋野田 郁代＋
玉井敏夫＋山田光夫＋山田信子＋奥村美保＋武山忠弘＋長岡正巳＋
貝野 洋＋森川惠子＋三橋研二＋岩田正史＋奥面能彦＋八田逸三（塾長）
（2013年8月12日、某居酒屋にて）

舞台完成の打ち上げ会があまりに楽しくて、
そのときの記憶のままに奥村美保が再現しました。
舞台を作るまでの簡単な歴史を振り返ったあと、
酔いにまかせて
全員で愉快に語りあった記録です

開催にあたって

奥村美保

　ご挨拶をかねて、まずは簡単に経緯を振り返ります。

　「舞台づくり」構想は2009年に「森の部」がスタートした当初からあって、土の舞台、芝生を貼った舞台など、さまざまな形を夢みてきました。

　そういう2011年に、西山の山間部に間伐材がおいてあるという情報を得て、仲間で見に行きました。そこには40年ほど成長して伐られた檜が、尾根にも斜面にも谷にも、累々と埋まっていました。間伐材は利用できないからと、そのままにしておく、これが日本の林業の現状であると知りました。

　この間伐材を私たちの夢のために使うことができたらどんなにいいだろう。木で作る舞台に考えがシフトし、計画案の

舞台の礎石を「もっこ」で運び上げた

「森の舞台」は唐櫃越の途中にある

なかでも一番難易度の高かった檜の舞台を作ることに流れが変わっていきました。

2011年の冬から翌年の春にかけては、どんな太さの木からどれだけの板がとれるか、何人もの方が森に入って計測してくださいました。「使えそうだ」、「足りそうだ」ということで持ち主の方の気持ちよい承諾も得て、いよいよ運び出すことになりました。

30数名の塾生が、西山の山裾の大原野神社や西迎寺に近い南春日町に集合しました。3月18日でした。檜の丸太を山裾にまで人力でどんどん運び出し、それをトラックに積み、さらに大きなトラックに積み替えて製材所のある京北町に向けて走りました。それはそれは、大きなイベントでした。

その木材が製材されて戻ってきたときも30数名で作業しました。南春日町から残りの檜を運び出して京北に行くトラックを朝一番に送りだし、その帰りに第1便のヒノキが材木になって戻ってくるのを迎え、広場まで運び込むのです。それには、森の入り口から建設地までの道が必要でした。

玉井敏夫さんのリードで竹林を切り開いて、3時間ほどで広場までの道ができ、その頃にはトラックが到着。香りがむせるような数百本の檜の角材や板材を、広場まで肩に担いで運び込みました。汗でどろどろになった私たちは、「本当に舞台ができるんだ」と実感、乾杯しました。

舞台の建設が始まりました。土台は野生の森の木を切った丸太で用意しました。この作業は奥西能彦さんが何度も山に入っ

て準備してくださいました。

塾生は、「焼き方」チームと「大工方」チームとに分かれました。焼き方チームは、土台の丸太も角材も板材も、すべて1本ずつ焼いて磨く仕事です。夏に差し掛かるころの炎天下で、防腐用に燃やして焼き色をつける作業でした。

これを組み立てるのが、大工方です。共同作業の日は、だいたいこの体制で進めることができました。

焼いた板をタワシでこするために、マスクをしていても鼻の孔と周りは真っ黒。腰痛や捻挫もありましたが、なによりも楽しくて、楽しくて……。苦しいのに、常に笑いながらの作業でした。なんとか無事に仕上げました。「汗と涙」の結晶という表現がありますが、「汗と笑」の結晶でした。

大工方のみなさんは、そのうち工房を作って独立するのではないかというくらい、舞台づくりの作業の過程をとおしてスキルを身につけられました。技術を伸ばし、息もあっていきました。焼き方チームも、素早く火をつけて必要な炎をつくり、山田信子さんなどは適切で実に美しい火を作られた。

私たちは塾の精神に従って、経済活動ではないものづくりを目指してきました。トラックでの搬出・搬入、製材する費用などお金は動いているのですが、人の知恵と力に極力頼んで温かい協力を得て、それにこたえる形でやってきました。

塾以外のたくさんの方も、関わってく

大原野の森で檜の間伐材を集める

ださいましたし、森の部ではない塾の方たちも多数応援してくださいました。そういう方たちを気持ちよく迎えられる舞台、意味のある舞台にしていきたいと思います。

最後になりましたが、島田静雄さんが棟梁を引き受けてくださったことが重要でした。力と能力のある方を呼んできて、パパっと作り上げることを考えておられたかもしれません。こんなに長い期間がかかるとは思わないで引き受けてくださったのだろうと思います。

体も仕事も、島田さんには大変なときでした。それでも丸2年間、第3日曜日をこの作業に充て、棟梁をしてくださいました。どんなに大変だったかと思います。

でも、みんなの力を結集することで、完成にたどり着くことができた。みんなの舞台にすることができました。感謝です。ありがとうございます、誇らしく思います。今日は盃をあげ、ともに喜びの言葉を大いに述べあいましょう。(乾杯‼)

おしゃべりタイム

島田 靜雄●山の木を運び出していた2012年3月頃のぼくは、まったく体調が悪くて、手も使えなかった。ひどい日は、朝起き上がるときにも手助けがいる状態だった。関節がダメだったのです。

そんな春でしたが、みんなの仕事の状況を聞いて、気が気ではなかった。それでも動けなくて、森に入れたのは6月から。自分ではもう作業ができると思ってきたが、塾長にははれものに触るように「あッ、だめだめ！」と静止されてばかりだった。「口で言うだけにしなさい」と。

でも、この2年で体調はずいぶん元に戻ってきた。医者からはさんざん警告されているので、重いものは他の人に持ってもらうことに……。

さて、みんなでせっかくここまできたんだから、「今だから言えること」を言います。みんなも今日は言ってほしい。(賛成！言おう！)

ひょろひょろ、ヘロヘロの
塾長の姿に心を射抜かれて

進めていくうちに、困った状況になったことがあった。なんだと思います？道具がだんだんいかれてきたのです。インパクト・ドライバー(ネジを打つ、穴をあけるなどの道具)が、秋にはバッテリーもへたってしまって、どうしようかなと。12月頃は、気持ちのうえでも危なかった。「やってられるかい」、「こんな状態で平和に飲めるかい」と、ちゃぶ台返しをしようかなどと……。ただ、単純に道具をどうし

ようかということでしたが。(笑)

美保さんに「斎藤さんや大平さんなど、仕事にしている人に頼んで、一気呵成にやりたい。スピードアップもできるし」と。しかし、これは不調に終わった。

そのときのぼくも、「もうどうしよう、どこか海外にでも行ってしまうべきかな」などと思っていたんですよ。

いよいよ板を張り出す1月に、今日はおられないから言うけど、どういうわけか杖をついた八田さんが、山に上がってこられた。細い杖ついて、ヘロヘロの塾長が近づいてきた。

それをみてぼくは「ばっきょ〜ん！」となった。この人がいるから、ぼくはここにきてやっているんだと。あのひょろひょろが歩いてきて……。あのときに、ぼくはまた変わっちゃった。「ぼくは、なにをクダグダ言っているんだ」と。みんなで楽しい時間を過ごすためにきているのに、たかがインパクト・ドライバーでどうのこうのと……。ぼくは100万円出しているけど──冗談ですが、「そんなことどうでもいいや」と、気持ちが切り替わった。

1月からは、ダーッと走りました。美保さんとも話したけれど、大平さんや斎藤さんにきてもらってもよかったけど、みんなの力でやるっていう、その方針は貫けた。その道を選択できたのは、ひょろひょろ歩いてきた塾長の姿。

当時の塾長は、まだ臥せっていると思っていた。でも、あの姿をみて電流が走りました。だって、ワハハハッ、ワハハハッ、笑いっぱなしの毎日だったものね。家でそんなに笑える？ああいうことができ

森の舞台のこけら落とし公演のフィナーレ

るってことが、ほんとに大事だよ。汗かいているより、笑っているほうが多かった。

雨で1回は中止になったけど、「みんなで一途にやっていたら、いつか我々にできるんだ」と学ばせていただいた。みなさんに感謝しています。

山で朽ちるはずだった檜も
よろこんでいるはず

西村信哉●今日テレビを見ていたら星座占いで、ぼく双子座なんですが、「しょうもないことを言うな」でした。で、どうしようかな。まあ、酔っぱらっているんだからいいや、記憶の片隅にでもおいてもらうつもりで言います。

どんな会でもね、盛り立てている人がいるでしょ。奥村さんが遠いところから真面目な顔してやってくる、島田さんは、「それ、やろう、やろう」と言うやろ。それに、なにかあったらひょろひょろの人が出てくる。玉井(敏夫)さんは、なんにも言わないで、やるべきことはきっちりやる。

ぼくは、これからも頑張って、最後にはこれをオペラハウスにしたいと思ってい

ます。

古徳真人●今だから言うけど、みんなが喜んでくれたあの魚、結構高いんですよ。（おいしかったよ、と拍手）

　最初に山から木を切り出したじゃないですか。あの日のことが忘れられない。あの山から木を引きずり出すなんて、クレイジーだと思った。

　あの日、ぼくはトラックに檜を載せて、さらに大きなトラックに移し替えた。危なかったですよ、荷崩れするんじゃないかと。ところが、積んでも積んでも塾長は、「まだいける、まだいける」。そのあと、ぼくは京北町まで乗って行った。

　2回目は、「ぼく、午後から予定があります」なんて逃げました、今だから言えるけど。

　山で寝っ転がっていた檜の気持ちになってみれば、春日の山で朽ち果てるんだと思っていたのに、山の麓まで引きずり降ろされ、トラックに積まれて京北町まで運ばれた。気がついたら製材されて山の上に着いた。

　世界の大スターがやってくる舞台になるんでしょ、檜もたぶん喜んでいると思いますよ。

平岡千加子●私が玉井さんに誘われて森の部に入ったのは今年。まだ2回しか森にきていません。その前には、塾長や岩田正史君に連れてこられたけど……。

　そういうなかでも、印象的な思い出は雨の中の丸太運び。10人がかりで持ったら持てると言われて、「こんなことをさせるために、私を連れてきたんか」と……。なのに、入ってしまった。よろしくお願いします。

森に800人を超える観客が集まった

ホイットゥ、ホイットゥのかけ声で大きな石を山上へ

山田光夫●そうとう酔っていますので、適当なご挨拶に。南春日町の丸太運びなどいろいろありましたが、私は奥村さんにそそのかされて石を運んだときのことを話します。

　みなさんご存じだと思いますが、今どきの若い衆は「もっこ」を知らない。せいぜいヘリで山に荷揚げするときに使うものだろうくらいにしか一般には理解されていない。

玉井さんや塾長に、「もっこがあれば、なんとか石も運べますよ」と話したことがあったんです。でも、まさかそれが現実になるとは思わなかった。

　「山田さん、もっこには2種類あるんですけど、どっちのもっこがいい？」と玉井さんに聞かれたときには、「これはサボれないな」と覚悟を決めた。

　いろいろなところに、けっこう大きな石がありました。最初に奥村さんが、「これにしようか」と言ったのは、まあ、とんでもない石でした。あれはすごかったですわ、大きい。私は神輿担ぎをするので、

腐食防止のために檜材を焼く。
鼻の孔が真っ黒になった

それなりの感覚はあるのですが、そこにいたのは、互いに声合わせもしたことがない人たち。

それがね、みんな3歩ほど歩いたら、「ホイットウ、ホイットウ」言い出した。これは素晴らしい。「今年初めて神輿を担ぎます」という子に教えても、ああいう声は出ない。

協力してなにかをやる、「どないしてでも、あそこまで運ぶ」となって出る声なんですね。横流れが足りんかったら、もう1本横流れを入れる。そうしたら玉井さんが、「そこまで行ったら休もうか」。その言葉に励まされて、少しずつ運び上げた。そしたら美保さんは、「山田さん、あんな石運んだのだから、もう大概の石運べます

ね」。その言葉にはズッキン、「はい」。大概の石は、つられて運びました。私は石の記憶が一番。

もう一つは、島田棟梁に、「山田さん、三橋さんとノコやってくれませんか」と言われてやるようになると、「腕上げたな」。うまいこと乗せられてしまう。「なかなかここまで切れないよ、この暑い中でプロだってここまでやんないよ」なんて、棟梁からお褒めの言葉をいただくと、舞い上がりましてね。でもね、それなりにステージが形をなしてくると、いやあ、参加してよかったな。5年間、楽しかったです。

塾長も玉井さんも棟梁も、体調には気遣ってください。みんなで頑張りましょう。

森づくりの楽しさは
体験しないと伝わらない

武山忠弘●私も塾にはいって4年。塾長に、「森ってなんですか」と聞いたら、「コンサートホール作ったりね……」。なに言うてはんねやろうと思いました。今だから言うのですが。

それを実践しようと、山から材木を運び出す。こんなこと、家族や友人に伝えるのは難しい。もともと国語能力の無さもあって、どう説明したらいいのか。「百聞は一見にしかず」で、想像を絶することばかり、信じられへんことばかりやってきたからね。妻や友人に話しても、なんにも伝わらない、その歯がゆさ。しかしね、この頃妻に「行ってきます」言うたら、「ご無事で～！」。私が生き生きしてきたからでしょうか。(最高！の声と拍手)
野田郁代●一番若い私です。(笑) お付き合

いいただいてから1年半になりますが、ますます絆が深くなってきています。みんな大好きです。そうやって森に行くのは、楽しくてウキウキします。平瀬 力さんは「一人で行くな」言うけど、みなさんの力が私に還元されているように思っています。自分が変わっていくのがわかります。もっと仲良くさせてください。
山田信子●最初は竹を伐るのが目的で森に入りました。竹を伐ると視界が広がるのが嬉しくて。

次がステージづくりになって、それはそれで楽しいんですが、半信半疑でした。でも、最初は絵空ごとみたいに思っていたことがいつの間にか実現しそうになる。捻挫体験も含めて、楽しかった。

捻挫が軽くてすんだのは、美保さんが冷凍したお茶で冷やしてくださって、塾長が畑のツワブキを取ってこさせて貼ってくださったから。効くと思ってなかったんだけど(そうだよ、先に頭冷やさなきゃの声) 整形外科に行ったら、大したことないなと言われて、「効いたんやな」。みなさんの手当がよかったと実感しています。ありがとうございます。
三橋研二●祖父は宮大工でした。伊吹山の麓の神社の手を洗い身を清める建物や、滋賀県の寺々に関わったようです。親父は彦根城の昭和の大修理に関わりました。そういうこともあって私は、島田さんに言われて初めて縦引きしました。

ところが、これでヨシッと思ってひっくり返したら歪んでいた。母方の血かな？

母方の実家は「姉川の合戦」に関わったようですが、ぼくと母だけが三橋家でA

型。ぼくは母方かな？（いやぁ、山田・三橋コンビはすごかったね、の声）。

「言霊」って言葉ありますね、言葉にすることで物事は実現するという。それをしみじみ思いました。ステージがどうのこうのと聞いても、なんのこっちゃ。ぼくは山桜のことでいっぱいで、音の反響がすばらしいなんて、わからなかった。

でも、ここまできた。今日は森の舞台の完成を祝う会とか言っているけど、終わってないですよね。「いちおう」ですよね。スペインにまだ完成しない教会がありますが、森の舞台、通称サグラダ・ファミリアを、これからも頑張って作り続けていきたい。

岩田正史●今日のこの店を決めたのは私です。選んだ理由は省略しますが、今日は17名の参加がありました。ありがとうございました。人数が足りなかったら女房もと思いましたが、それは不要でした。平岡さんは幼馴染なので誘いました。

月夜の森に魅せられて
終バスを逃したことも……

奥西能彦●私はちょっと衝撃を与えます。私はここにきて3年になりますが、「野生の森」とはなんぞや？　未だに納得できる返事はもらっていない。塾長には回答を求めません。そうは言いながらも、山が好きで、とくに木が好き。

最初に木が好きになったのは、清水茂也さんが伐った木の枝の美しさ、削った姿に出会ったとき。「美しいな」と思った。檜はいい匂いがするので車の中に置いたり、倒木でなにかを作ったりと、病みつき

になりました。木片で弁当箱などもね。舞台完成の記念品の試作品を作るまでに発展しました。

「畑にでっかい桜の倒木があるよ」と玉井さんから情報が入って見に行きました。今日は、その桜で作ったコースターを持ってきました。桜は花だけじゃない、木もきれいです。そんなことを倒木から発見して、今は木目に惚れている私です。

玉井敏夫●今だから、今しかしゃべれない一言を言います。私ね、酒を飲むとあちこちで寝たりとだらしなくてね。でも、ここんとこ10年くらいそんなことはないんです。それが、1回だけ最終バスがなくなって、帰れなくなったんです。それが、四条じゃなくて森でね。

バスで帰るつもりでした。ところが、最終バスが出るのを意識しなかった。みなさんからいろいろお話のあった舞台の取り組みの初期のことです。美保さんが、「玉井さん、実はここに舞台を作りたい。月がね、こっちから上がるんですよ、9時くらいになると、あの木と木との間に満月が出るんです。ここに月があって、満月だとここはどうのこうの……」。

ここんとこ、終バス、終電を逃したことはないんですよ。唯一、ステージをつくる構想の議論のなかで終バスを逃した。この舞台の位置は、たぶんそのときの話のなかで決まったと思う。毎月、満月の晩にあれこれやりました。

ステージにはみなさんほど関わっていないけど、つくる以前から思いはずっと引き継いでいます。みなさんと思いは同じだと思いますので、よろしくお願いします。

基礎工事。なんども水平を確認した

大それた夢だって、コツコツと
時間をかければ実現できる

貝野洋●私の家の主人は、むこうの人なんです。私はまあ、主夫。料理はむこうなんだけど、車はあの人のものだし、家の重要事を決めるのもむこう——いやいや、そんな話する場じゃないでしょ。今日は森の舞台の話だよね。

私はね、あんまり感動派でもないし、積極派でもない人。なんでも言われたらやるという、受け身なところがある人間。

最近は忙しくて参加できないことも多かったけど、参加するとすごく良かった。舞台の達成感もある。最初からあの計画は聞いていたけど、あんなことできるんかなあと思っていた。それをあそこまでやった。大したもんだ。

なんでも、時間さえかければできるんだなと教えてもらった。時間というのは人×時間だからね。こういうことに関わる人が何人もいてできることでしょう。機械を使えば、それこそパパッと造ることもできる

でしょうけど、やっぱり人ですよ。だからすごい。私は、「なんでもやりますよ」と言いながら、なかなか手伝えなかった。

これから舞台をどう使うのか楽しみ。いろいろな人がきて、「すごいな」と思ってもらえればいいなと思っています。

長岡正巳●畑の人からも森の人からも呼ばれて、それだけに私はどっちつかずなんですよ。森をサボッているときは、大原野に行っているんです。先日も大原野に行かなあかんかって森は休んだ。なんの役にも立たんのに、「こいや」言われてね。

森の話に戻します。しばらくは、森に行かなかったんです。ところがある日、奥村さんから、これに１回出たらどうと、山桜コンサートに誘われた。みなさんのレベル知らんと出たから恥かいたんですけどね。これをきっかけに森の部に参加するようになったんです。

そのうち舞台の話が出てきた。そしたらね、作業はものすごい強行軍。そりゃね、思い出と言うけどね、みんなもそう思っていると思うけど、あんな強行軍の仕事、私はほんまに参った。あの石運びに木材運び、でもみんなやってはんねん、女の人も男の人も。強弱かかわらずね。「うわぁ、すごい人たちやな、私はしんどいからやめとくわ」とは言えなかった。それでも、完成するまでずーっと続いたんや。

島田さんの職業は庭師って知っているけど、あれだけのことをやりはる。感心したわ。最初のころから、大丈夫かなと私思っていたよ。完成するまで体持つかなと。そやけどやり抜かはった（拍手、誰がそういうように誘導したんや、の声）。「この人や、奥村さん」。言うて悪いけど、女だてらに、あんだけのことやりはる。感心したわ。みんな舐めたらあかんで。

以上が現在の心境です、みんなありがとう。

「森に舞台を」のつぶやきから はじまり、みんなで育てた夢物語

山田光夫●内心はみんな同じことを思ってたんやね、言わへんかっただけで。ステージの話をしはったときは、「冗談もほどほどにして」と思っていた。ところが、間伐材を運び出すときに来てくれはった京都森林組合中川支部の人がチェーンソーを持って、「ほんまにやるんか」、「こんなことやってる人、日本中におらんで」。林業の人がきてくれはっても、説明するのが大変やった。

そやけど、奥村さんはほんまにやる気だった。図面を出して、ここがあーや、こーやと説明しだした。すると、森林組合の人もマジになって、「ここはこうしたほうがええ」、「これはあかん」と、だんだん盛り上がってくる。ぼくも、「ひょっとしたら、これは前に進むんじゃないか」と思いましたね。奥村さんの熱意がすごかった。ど素人がプロに頼もうと思ったら、本気を示さにゃああかん。するとプロもその力量をだしてくれはる、それを感じた。言霊のエネルギーやね。

奥村美保●私がたった一言つぶやいた、「森に舞台を」という言葉（つぶやいた？　いやぁ、そんなものじゃないよ、の声）をみんながこんなに一所懸命の力で形にしてくださった。本当に感謝、感謝です。みんなが、「いいね！」を出してくださったから進めた。

舞台の場所を決める前の１年間、満月の日は森に入りました。「この日は満月です」と誘うと、玉井さんが「へえ？」という感じで付きあってくださった。御陵で作業している人たちにも、「今日は満月だよ、森にこない？」と誘って、何人かが……。その日、その日で顔ぶれは違ったけれども。

「森に舞台を作ろう」というツイッターのつぶやきに、「いいですね」と答えた最初のメンバーは奥 剛嘉くん、岩田正史さん、山下京子さん、田口美紀さんと、私です。みんなもう、とっても素っ頓狂な顔ぶればかり。こんな顔ぶれで舞台ができるわけがないんですよ。（拍手）だから気が気じゃないけど、この顔ぶれで満月に集まって歌をうたったり、山下さんや奥くんが演奏したりして、夜の舞台のイメージ作りをしました。

何月の満月はここから月が上がって、こんなふうに移動し、７時になったらあふれるような光でいっぱいになるんだな、そこが舞台だな。そんなことを記録して帰ることを１年間、玉井さん、森川さん、塾長などにもきていただいて、その時々の顔ぶれでやってきました。一応の役割を果たしました。

舞台はみなさんが形にしてくださいました。私はツイッターにつぶやいただけなのに。大きく、大きく、みんなの命が響きあう舞台に育ててくださいました。ほんとうに嬉しく思います。みなさん、ありがとうございました。

塾長の締めの言葉

八田逸三

　あのね、確かに今は私も晩年ですが、そういう晩年に「ひょろり、ひょろり」なんて言われる存在になるなんて、想像もしなかった。私はみなさんがお亡くなりになった後に、お墓に仁王立ちになって、「おう、どうだ、地獄で、極楽で元気か！」と語りかけるつもりだった。それがへろ、へろやて。ほんとうに想像もできない。

　私の舞台の最初の姿、イメージは、土をちょっと盛ってそこで歌えればいいなと……。奥村さんはいろいろ言っていましたけど、できるところまで、みんながやりたいと思う姿に作ることができればと、極めて柔軟な出発で始めました。

　でも、だんだんね。島田さんが、「とりあえず間伐材を探せるのは塾長だろうから、当たってもらって、そこから次の話を進めましょうか」と。

　そういうことで私もいろいろ当たっているうちに、こんなところに行き当たって、今日を迎えてしまった、しまったわけです。でもね、奥西さんが、「なにが野生や」と私に詰問しようと構えてはいるけどね、みなさんが今日話されたことからするとね、みなさんもうほんとうに、十分に野生に育った。今日はみんな野人ばかりの集まりです。

　真面目なことを言って悪いけど、これからはあの舞台を核に、市民・国民・地球人を全部野人に戻しましょう。その原点になるような舞台にしていきましょうよ。

　我々は見事に野人だった。島田さんが

まだ何の足跡もついていない初雪の森に、立つ人がいた

私のことを「ひょろひょろ」と言いはったけど、私も、ひょろひょろとすることで、やっぱり野人やった。もし鉄人だったら、ひょろりひょろりはしなかったろう。(ひょろひょろとしてはったけど、神々しかった！の声)

　入院していた病院でね、「山や畑に行ったらいかん」といっぱい言われた。なにかあったらすぐ電話しなさい、そう言われながら山に上がっていったんです。

　倒れた日のことは、今だから話しますが10月第3日曜日の朝、下の入り口にたどり着いて、奥西さんがやってくださっていた土台の木をその前日に数えたら足りない。そのとき、一人で頃合いなヒノキを見つけて伐ればなんとかなるのではないかと思ったのです。

　ところが、伐って倒すべく持ち上げたときにあまりにひどく堪えたので、その日はそのままにして帰りました。次の日、朝から森に入ろうとして倒れこんでしまって、5時間ほど生死をさまよいました。それはそれは貴重な体験をしました。

　そのときは舞台のことばかり考えていて、やりたい、やりたいの一心で、あの日

の作業にも行きたいと思っていた。そういった気持ちが、自分の命を絶たせない支えになりました。見事に支えになりました。こんなとこで絶対に死なへんと。5時間そう思い続けました。そういうことを経て、病院に運び込まれました。

　ちょっとでも早く舞台とみなさんを見たいと思って、へろへろへろへろと出てきました。悪うござんした。(大拍手)

名司会者

奥村美保

　以上が、舞台作りに情熱を傾けた森の野人たちの打ち上げ宴会の模様です。どんどん酔いが深まっていく参加者の一人ひとりの森での活躍を紹介しながら、すばらしい進行をされた森川恵子さんあっての会でした。

　素敵なひと時をありがとう。みんな笑い転げ感激の涙を流して、楽しく過ごしました。当日は都合が悪くて参加できなかった方、ごめんなさい。

野生の森で歌う

牧野 元美

風も木々も鹿も…、森全体が聴衆になってくれました

　私は歌をうたう中で、大切にしていることがあります。それは、「想像力」です。音楽は目に見えるものではありません。だからこそ、自分なりにたくさんの想像を膨らませ、それを歌声というカタチにできるように頑張っています。

　しかし、どんなにたくさんの「想像力」を働かせて歌っても、それを発揮できる"舞台"がなければ、その演奏はもったいないものになってしまいます。ここでいう"舞台"とは、ただの場所ということではありません。演奏者が創り出したカタチが伝わりやすい、演奏の味方になってくれる"舞台"です。

　オペラの"舞台"を例にすると、オーケストラや舞台セット、照明、衣装、相手役など、自分の味方になってくれるものがたくさんあります。それどころか、他の人やモノからも様々なパワーが溢れていて、それが素晴らしい相乗効果を生みます。他から発せられる「想像力」に助けられて、自分の実力以上のものが発揮できるのです。

　それは、野生の森の"舞台"でも同じであることに気がつきました。その日の天気、気温、鳥のさえずり、風など四季折々に移り変わる"舞台"が味方になってくれます。

　ある時は、雨の日や、寒い日もありました。でも、どんなことも面白いなと受け入れています。それよりも、自分の歌声が、どのように野生の森に響いてくれるのか、歌うたびにわくわくしています。

　私はこれから先も、自然溢れる舞台からたくさんの「想像力」をもらって、さらに歌を深めていきたいと思っています。

森の舞台づくり

島田 静雄

森の舞台づくりの作業は2011年から2013年にかけて行われた。発案者の奥村美保さんが構想などを詳しく書かれると思うので、私は森での作業面について触れておきたい。

材料のヒノキ材の下見や伐採、搬出などの作業は2011年から始まっていたが、私は体調不良のために1年ほど参加できず、2012年6月頃からようやく森に足を運べるようになった。

2012年6月2日

中京区にある「ウイングス京都」にて、舞台制作会議。作業開始の前に、内容や工程の打ち合わせを行う。手元にある資料は、森川惠子さんのご友人の建築家の描かれたA3の図面1枚のみ。

私は仕事でウッドデッキなどを造っている関係で、図面からイメージを受け取ることができる。しかし、パースなど姿図がない情態で平面図を初めて見るメンバーには、全体像を思い浮かべるのは難しいかもしれない。

図面をもとに、大まかな進め方を説明。「ほんとうにできるのか?」、「どうやって作るのか、やり方がわからん」、みんなの不安な心がありあり。「少しずつやっていけば、全体が見えてくる」。わかったような、わからないような説明で、とにかく始めることにする。

6月17日〜 ヒノキ材搬入、敷地検討

製材所より1回目の搬入。初めて見るヒノキ材が大きなトラック満載で森の南側道路に到着。フェンス越しに人海戦術

舞台の配置(衛星画像2020年7月)

で運び入れる。まだ完全には乾燥していない角材・板材は、湿り気を帯びて重い。足場が悪い斜面は滑りやすく、肩にめり込みそうな角材は2、3人がかりで運ぶ。

相当な人数で運び入れたが、近隣の方々には、いったい何事かと、さぞ驚かれたことだろう。大人数のおかげで、なんとか予定地の広場まで運び入れることができた。

舞台をどの位置に設定するか? これが工程の最初の問題。広場はまだ整地されておらず、4月の山桜コンサートの残骸が残り、土盛りがあったり、孟宗竹が散乱していて、まずは片づけをしてから始めることにした。

おおよその場所は塾長、奥村さん、私が思っている場所で一致していた。それでも、軸線をどうするか、観客席とのバランスをどうするかなど、細かな調整が続く。

ようやく東西の軸線が決まり、大きさと場所の縄張りをしてみる。その昔、山城などを作るときも必ずやっていたはずの手順である。少しワクワクした気分になってきた。

7月8日〜　遣り方

　工事に先立って、中心線や水平線を出すために杭を打って板などで作る大事な工程。これをきちんとしておかないと墨出し（図面から原寸を地面に描くこと）などができない。

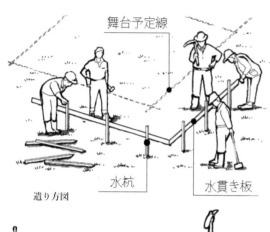

遣り方図

束の位置に杭を打つ　　　　　すべて忘れて穴を掘る

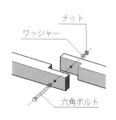

大引の仕口

継ぎ手は俺に任せろ

　実際の大きさが見えてくると「デカイな〜」、「これだけの大きさが必要なんだ！」など、様々な声が聞こえてくる。頭に描いていた大きさ、実際の大きさとの違いである。

　朝、下の駐車場から遣り方の材料（杭や板）、機材（水準器やハンマーなど）を手押し車に満載して広場に向かう。林道を上り始めたのだが、重すぎたせいか道半ばで何度も転倒して、荷がバラバラになって起こすこともできなくなった。力が入らず、身体が思うように動かない。

　このままでは行き倒れかと観念しかけたところに山下京子さんが通りかかり、助っ人を呼んでくれて、事なきを得た。以後、上の入り口で待ち合わせて、道具を手分けして運んでもらえるようになった。これはありがたかった。

7月8日〜　束立て及び大引据え付け

　根太を支える大引は束の上に載り、根太は床材や床板の上に乗る人を支える。大引は大黒柱でもあるので、慎重に据える。これさえきちんと据えれば、後は順に上に載せていくだけになる。しかし、長さがあるだけに、途中で材を継がねばならず、材がねじれないように工夫しなければならない。

　仕口の継手制作は、主に山田光夫さんと三橋研二さんに担当してもらった。慣れるにつれて腕を上げ、徐々に早くなる。

　基礎となる束は、埋め込む場合と束石の上の載せる場合とがあり、束石の上に乗せるほうが圧倒的に多い。束石は現地調達で形や大きさがすべて違う。できるだけ表面が平らな面を出して据えてもらうが、自然石ゆえに束の長さは微妙に調整する必要がある。

　地面が固いだけに、大汗で取り組んでもらう。ここをいい加減にやっておくと、後で束石が沈下して床が下がってくることになる。しかも、その状況は見えない。数年たってからわかるのでは取り返しがつかない。「人生の問題と一緒だね」と軽口を叩きながらツルハシを振う。

9月16日〜　根太据え付け

　8月、9月と、暑いさなかにも作業は続いた。多いときは20名を超えるメンバーが参加する。暑いなかで、とくに熱い作業をするのが材の表面を火にあぶって磨く作業だ。防腐剤を極力使わないために始めた作業だ。

　だが、熱いうえにススで真っ黒になる。熱中症の方が出るほどの過酷な作業が続く。主に女性陣に受け持ってもらったが、ありがたいことだった。

2013年1月20日　床板張り開始

　昨秋、10月には橋本岳人山さんの尺八試奏会が開かれ、音の響きを確信できて、11月、12月は大引と根太の追加補強に取り組むことになった。舞台の中央にピアノを置くことを想定しての補強だ。これだけの舞台を作るのだから、ここにピアノを運び入れるのも当然だと、誰も不思議に思わなくなってきているのがすごい。

　いよいよ年が明けてから、念願の床板張りの作業が始まる。これまでは骨組みの大引と根太しか見えなかったが、床板が少しずつ張られて舞台が延びていく。舞台の形がはっきり見えてきて、衛星画像でも進行状況が写っている。宇宙からも見られているので手が抜けない。

宇宙からも舞台は見えている（2013年3月）

束立ては微妙な調整力と根気である

ヒノキ材の表面を焼いて磨く炎熱の作業

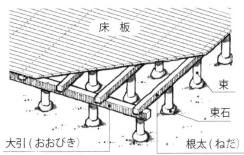

床　板

束

束石

大引（おおびき）

根太（ねだ）

舞台構造図

大引の上に寸法通り根太を据えていく

2月17日〜7月21日　床張り

　7割ほど床板が張られた4月13日に、「山桜ツアー・コンサート」として、メンバーが舞台の上で自慢の腕や喉をそれぞれ披露した。

　自らが舞台に立つと、いつも見慣れている風景が違って見えるから不思議だ。地面から50cmほど高くなるだけだが、それが舞台の備える魅力の一つだろう。

　7月21日、めでたく床張り完成！　作業開始から1年余りを要したが、これで終わったわけではない。

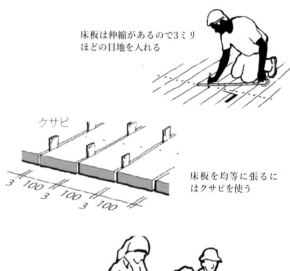

床板は伸縮があるので3ミリ
ほどの目地を入れる

クサビ

床板を均等に張るに
はクサビを使う

みんな笑顔の最終作業、床板端部カット

8月18日〜11月17日　舞台廻り石敷き

　石段舞台の周りに小石を敷き詰め、舞台に上る石段を設置する。小石を敷き詰めるのは、雨などで束に泥が跳ねて腐るのを防ぐためである。

　材料はすべて周りにある自然石。石段用の石は、とにかくデカイ石を探す。男性5、6人がそれ以上で担ぎ、周りを女性が取り囲んで黄色い声で叱咤激励するのだ。「まずは動かないだろう」と思えた重い石も、これで動いてしまうのだから恐ろしい。

　舞台と同時に、観客席のベンチづくりも急ピッチで進められた。待ちに待った12月7日の「野生の森のコンサート」の準備を終えるのを待つばかりとなった。

「森の舞台」ついに完成！

かぐや姫

森のコンサートでも「かぐや姫」が大人気でした

幻のかぐや姫を観た

金沢 永恵

　誰もが知っているであろう日本最古のものがたり、『竹取物語』。竹取の翁によって光り輝く竹の中から見出され、翁夫婦に育てられた少女「かぐや姫」を巡る奇譚――。

　荒廃田を開拓設計し、トイレをも手作りされて土の塾に設けた循環型自然共生トイレの名称を斬新にも、「かぐや姫」と名付けられた。その土の塾の想いや由来、歴史を知りたくて、2010年発行の玉井敏夫氏の写真集『土の塾』を手にした。深い感銘とともに、大きな衝撃を受けた。

　今年2020年8月には、友人の中久保恵里子さんのお誘いで、私は引き寄せられようにミーティングと共同作業に参加させて頂いた。

　八田塾長が絶賛されている「かぐや姫」も見学させて頂いた。その美しさと神々しさの中に、まるで「幻のかぐや姫」を観たような感覚に陥った。何を言っているのか？　と思われるかもしれないが……。

　人間と土が融合する原点がここにあると、私は感じた。塾生として、これから始まる新しい時代に向けてスタートさせて頂き、土の塾の大先輩の方々からプロジェクトを通じて共生することの大切さを生涯学ぶことになる。そして、「かぐや姫」のエピソードを聴けると思うと、感謝の気持ちと共に今からワクワクがとまらないのである。

野生の森でもまず
「かぐや姫」を作った

「かぐや姫」との出会い

相田 雅子

　はじめて土の塾に参加させていただいた日、「お手洗いはここですよ」と連れていってもらったところ……。竹の塀で囲まれ、丁寧に作りこまれた竹の扉を開けると、そこには蓋をされた穴がひとつ。そして奥には笹の葉が入った袋と、蓋をされた大きな植木鉢。手作り感満載のこのお手洗いが、「かぐや姫」でした。

　スタイルは、おばあちゃんの家にあったような、いわゆる「ボットン便所」なのですが、なんか違う。もちろん、天井がなく、青空のもとで用を足すという解放感——慣れるまでは不安感?——があるのも大きな違いですが、もっと根本的なものが違う。「そうだ! あの特有のにおいがしない‼」。

　その秘密は、土をむき出しにした構造と、奥においてあった竹の葉にありました。用をたしたのち、袋の中の笹の葉を一つかみ、さらさらとかけておく。ティッシュなどの人工的なものは植木鉢の中へ。秘密はこれだけなのですが……。

　実は、土の中にいるたくさんの微生物たちが、私たちの排泄物を待ち構えていて、即、分解を始めてくれるそうです。その上に竹の葉をかけておくと、笹は抗菌力を発揮して腐敗臭がしない。

　このかぐや姫に出会った友人は、「スコップ一つあればトイレを作れるんだ。笹は近所の神社にもらいにいけばいいし! 災害時もこれを知ってたら大丈夫」と、瞳を輝かせていました。

　確かに災害時に簡易トイレなどを活用しても、結局は捨てる場所に困ってしまう。それなら、大地がすべてきれいに処理してくれる「かぐや姫」は理想の形なのでは?　と思い

コンサートのお客様用に複合型「かぐや姫」も作った

ました。

　2、3年前に話題になった『くう・ねる・のぐそ 自然に「愛」のお返しを』の著者・伊沢正名さんは、「自然界には"食物連鎖"とよばれる"食う・食われる"の関係がありますが、その一方で"下りの食物連鎖"ともいえる"腐食連鎖"が自然の循環を支えている」と指摘されています。

　その腐食連鎖から、今の人間の暮らしは切り離されているのかもしれません。本来、土に還してしかるべきものを、たいへんなお金と労力を使って処理し、海に流している。

　"糞尿は病気のもと"というイメージがどうしても強くて、日本の下水道設備は素晴らしいものだと思い込んでいましたが、ここにきて、「はたして、これでよかったのだろうか」という疑問が湧いてきました。

　でも、少なくとも土の塾にくれば、私も自然を壊すだけの人から脱し、自然の一部として循環の輪に入れる。

　そんな心地よさを感じながら、今日も土の塾に通います。

「土の塾」に教えてもらった

栗山 裕子

木材としての木を見に行くために山に入る機会が多くなったころ、放置された山林や農地が年々増えていることに気付くようになった。

子供のころを過ごした田舎は開拓地で、冬になると周囲の雑木林を開墾して水田にするために土木機械が入り、大きな音を響かせていた。掘り起こされた赤土の山は子供たちの格好の遊び場で、日が暮れるまで泥んこで遊んでは大人たちに叱られていた。それでも、作業に関わる大人たちの厳しい重労働や苦労はなんとなく感じていたように思う。

手入れされなくなって久しいと思われる暗い森や、夏草が茂る田畑を見ると、昔見た作業する男たちの大きな背中を思い出さずにいられない。そして、何ともやりきれない思いに駆られる。

戦後、急峻な山に苦労して植林された杉や檜は、使い勝手の良い太さの木材となり、美しい農地は確かな収穫ができるようになった。私たちの暮らしも格段に快適に、豊かになった、そのはずだった。ところが近年、材木も、野菜も、何もかもが、どこかの国からやってくる。たった50年、60年の間に、何が変わってしまったのだろうか?

せめて、自分の関わる建物には、できるだけ近くの山の木を使いたいと思うようになったころ、ある行政の会議で森川恵子さんとお出会いすることとなった。

たくさんのメンバーの中で、どうして親しくお話しすることになったのかは忘れてしまったけれど、気の合った3人組は、その折々の身近な話題、食べ物や環境や家族のかたちなどのおしゃべりをしていた。

そんな中で、「土の塾っていうの。機械使わんと荒れた畑を作り直して、野菜を作っているの。ほとんど農家さんと無関係な人たちばかり。興味あったらいちど見にきてね」。

土の塾! 「土」という言葉に温かな、そして懐かしいあの赤土の匂いが甦る。近在の手入れされつくした耕作地ではない、これからを想像させる、エネルギーに満ちた土!

しばらくして遊びに行かせて頂いた大原野の畑は想像よりも傾斜がきつく、そのぶん東の陽を十分に受けた明るい段々畑であった。その麓あたりに、なんだか不思議な工作物。「コレ、かぐや姫トイレ。こうやって使うの」と自慢そうな森川さん。早速に体験。「ええね! 青空が見えるなんてサイコー♪」。そして、何より土や水や葉っぱの力を借りての後始末。土に戻っていくそのサイクルの中に私たちが仲間入りしているなんて、なんて素敵。惚れ込んでしまった。

折しも、友人が京北町に民家を移築。「電気はきているけど、水は山水を引く」と聞いて、トイレは? と聞いてしまった。そこで「かぐや姫トイレ」を紹介させてもらった。茶室も作ると聞いて、屋根付きにした。

農家の外便所のようで、かぐや姫の情緒はないけれど、使用した後は葉っぱと水を一柄杓。何年か後にできた茶室を使う時にも活躍。使う頻度は多くはないけれど、もう10年も使い続けて、一度も汲み取りをしていない。臭気が気になったこともない。土が増えているようにも見えない。まだまだ大丈夫。

かぐや姫トイレをお手本にしたトイレ。杉皮の塀で数寄屋風に。水は雨水タンクを使用

　少し不便、は素敵なこと。身の周りにある物や、もともと
そこに生息するものたちが教えてくれることの大切さ。それ
を「かぐや姫トイレ」に教えてもらった。
　荒れた農地や竹薮に、人の手で正面から向き合う「土の塾」。
その根っこにあるのは、土への想いとその土地への敬意。私
が日常の中で忘れてしまっていた何かを、あらためて教えて
頂いた。
　建築物は今、防火、耐震、省エネ、性能評価等々と、ますま
す重装備になって、自然と人のエリアを遮断する方向に邁進
している。そんなところに身を置く私。土の塾のメンバーで
もない私に、いつも優しく丁寧に接してくださる八田塾長さ
んをはじめ、お知り合いになれたみなさまに、ほんとうに感
謝、謝々！

　そのような影響を受けて、私も近頃、少しだけ土いじりを
するようになって季節や天候に少しは敏感。今流行りの「半
農半X」まではなかなか行き着けないけれど、土が教えてく
れる事柄を素直になって受け止め、これからの残された持ち
時間を過ごしていきたい。
　森や畑や田んぼにいれば、今の不穏な社会とも一定の距離
を置いて、心穏やかで過ごすことができる。これからも、お
日様いっぱいの畑に、他では経験できない素敵な催しに、参
加させてください。そして、土のこと、野菜のこと、草のこ
と、虫のこと、身近な動物との付き合いのこと、いろんなこと、
たくさん教えてくださいね。
　満二十歳の門出に、乾杯！　　　　　　　　　　（建築家）

かぐや姫への
愛を叫ぼう！

今は自然に還った「かぐや姫」第1号（2001年）

◆出席
森川恵子（塾歴20年）
吉川紀子（塾歴20年）
山田順子（塾歴20年）
西口仁美（塾歴20年）
中村　路（塾歴10年）
平塚文子（塾歴7年）
（2020年10月31日、満月の夕べに開催）

土の塾の活動を象徴する柱の一つが「かぐや姫」。
人と人、人と自然との共生の理念であり、
食物連鎖の具現でもある。
日本人の生き方の軌道を修正することに役だってほしい
との思いをこめて誕生した。
急な呼びかけに参加できたのは、6名。
コロナの時代を踏まえて、
満月の日の夕べ、筍プロジェクトの御陵竹藪に集まる。
夕闇、そして月の出、焚火の小さな炎に
やかんのお茶と和菓子で、かぐや姫を語りつつ、
月に帰るかぐや姫を見送る趣向となった

森川●かぐや姫の第1号は、三番の畑に近い竹やぶのそばに、ほぼ20年前にできたんだよね。
平塚●いまの形とは違うんですか？
森川●もっと簡易的だけど、考え方と構造は同じ。
西口●基本は同じですよね、竹で囲んで壁にして……。
森川●きちんと自然に還るように、穴を掘ってね。
平塚●初めて使うとき、抵抗はなかったですか。
山田●なかったね。

快適さは公衆トイレより断然上！

吉川●全然なかったですね。むしろ、その

へんの簡易トイレよりよほどいいと思った。簡易トイレって、ちょっと匂いがすることがあるでしょう。うちの孫が幼稚園から小学校低学年にかけてよく畑にきていたけど、全然抵抗しなかった。「匂い、全然せぇへん」って。(笑)

山田●子どもは匂いで嫌がるのかな。

吉川●そう違うかな。

西口●匂いもだけど、人工の便器ってなんとなく汚いでしょ。

山田●昔から汚いというイメージはある。

西口●そうそう。かぐや姫は、いうたら普通の地面やから、汚いもなにもないですよね。(笑)

山田●確かに清潔感があるね。

中村●昔のポットン・トイレを経験している者からすれば、匂いがないからね。キャンプ場とかでは、あまり使われないトイレを見かけるけど、ああいう不潔感、抵抗感はまったくない。それに、用を足したあとは竹の枯葉を落としておくだけで、こんなに消臭効果があるのかっていう驚きがあった。

平塚●私もかぐや姫に対する抵抗感はまったくないけど、めったに利用しないんです。畑の滞在時間が比較的短いことが大きいんですけど、夏場は汗をかくしね。

中村●私も年に1、2回使うかな、って感じですね。

西口●私も少ないです。体質的に、外出先でトイレに行くってことがほとんどないから。

森川●年齢が進むと行くようになるよ。(笑)

西口●ある塾生の方は、畑から割と近いところでお仕事をしてはるんですけど、職場のトイレがかなわんからって、昼休みにトイレだけにきはる。夕方も仕事終わりに、畑に用事があってきはるんやろうけど、くるととりあえず、かぐや姫。(笑)トイレ行くんやったら、畑でと思ってきてはるみたい。

山田●開放的といえば開放的で、気持ちいいかもなあ。

吉川●私としては、普通のトイレの個室よりもかぐや姫のほうが広いし、匂いもないし、断然気持ちいい。(笑)

森川●ポットン・トイレを知らない小さな子が畑にくると、かぐや姫を気に入ってくれたらいいなと、いつもドキドキしながら見ている。こういうのが自然なんだ、と思ってくれたらいいなと。慣れちゃえば平気なんだよね。

　ある保育園の子どもたちが畑にきたとき、子どもたちはスッと入るんだけど、お母さん方の抵抗感が強くて、「うちの子には使わせられない」っていう……。

吉川●子どもたちのほうが、「ここで生活しているんや」とか、「ここで野菜、作ってんのや」となじんでも親のほうがねぇ。

森川●だから、土の塾のやり方に慣れていない人が畑にきてかぐや姫を使ってもらうときは、「とっても気持ちいいよ」とか、一所懸命に説明する。(笑)

山田●経験は大切だから、小さい子にはどんどん使ってもらいたいわね。

中村●自然に慣れている子たちは大丈夫だと思います。でも、2、3歳くらいの子はしゃがむトイレに慣れていないから、最初にきちんと教えてあげなくちゃいけない。

人間工学に基づいた設計!?

森川●みんなで作った、できたてのかぐや姫って「ほんとに美しいな」って思うのね。ここでデートもできる。逢引の場にもなる。(爆笑)とにかくファンタジックな美しさで、清々しいんだよね。御殿みたいというか、かぐや姫っていう名前もすごくいい。知らない人には、「かぐや姫に行ってきます」っていうと、ポカンとされてしまう。(笑)

西口●ちなみに、大原野で作られているお味噌のブランド名も「かぐや姫」。命名したのは同じ人です。(笑)

平塚●どちらが先ですか。

吉川●それは味噌のほうが先。

森川●いまのかぐや姫トイレを設計したときは、体できちんと計測したんだよね。

西口●そうそう、「幅はこれでどうや」ってやりましたよね。広すぎたらあれやし、ちょっと狭すぎてもあれやし……。

森川●いろんな人の体格を考えてね。

中村●子どもが安心する大きさもあるかなと、配慮もした。

森川●実際に座ってみて、「どう?」って。

西口●「みんな、ちょっとやってみて」とお願いすると、「もうちょっとアレかな」って。

森川●「しっかり棒」もいい工夫だよね。立つときによろけないように、キュッと掴めるようになっている。あの位置も、あんまり離れすぎないようにとか、きちんと考えられている。

中村●すごい! めっちゃ、設計されていたんですね。

西口●しっかり棒の竹の先の穴の中に、た

内部の広さは畳1畳分

落とし穴の囲いは腐食防止の焼き板を使う

まにカエルがおるんですよ、顔だけピュッと出してね。(笑)

　私、蛇に逢ったことがあるんですよ。ふと見たら、横の桟のところにツーっとしっぽが見える。「おおっ!」と思ったけど、している最中やったから。(笑)

山田●どうしようもないね、そんなときは。

西口●そう、する前ならまだしもね。(笑)

吉川●声をだしたら向こうもびっくりして飛びかかってくるかもしれんし……。(笑)

森川●ひとつ失敗だったかなと思っているのは、着替え用のスペース。ズボンとかを着替えられるように踏み台というか、板を置いてあるんだけど、周知徹底できてなくて利用されていない。みんな、「この板はなんぞや?」って感じ。(笑)せっかく寸法

もきちんと測って計算して作っているので、使い方を書いときゃよかったなって。

紙の処理のほうが重大問題だ

森川●私、思うんだけど、落下物が自然に還っていくのってほんとにすごいなって。堆積物はたまに搬出作業をするけど、初めてその作業をするとき、すごく気になったの。

　でも、全然匂わない。しかも、作業の最後になって底から沢蟹が出てきたの。沢蟹ってきれいなところでしか生きられないでしょう。(笑)ああいう堆積物の下も、沢蟹にとってはきれいな場所なんだって、すごく感動した。

中村●貯まったものはどこに……。

森川●掘り出した堆積物を一輪車に乗せて運んで、別に掘っておいた大きな穴に投げ入れて、上から土をかぶせるだけ。

吉川●それで自然に還るからねぇ。

中村●あとは平らにしちゃうんですか。

森川●うん、そしたらまた草が生えてくる。だから、そのあたりの草はとっても豊かですよ。(笑)

吉川●昔は肥料にしてたんやからね。

森川●問題は、私たち現代人が残す人工物のペーパーなんだよね。自然のパルプ以外のものも含んでいるから、あの処理がけっこう大変。

山田●それに、紙を捨てる容器がいっぱいになるのって、けっこう早いですよね。

吉川●いっぱいになっていたら、私は家に持って帰るようにしているわ。その袋を二重にした新聞紙にくるんで、それを大きな袋に入れて持ち帰って、燃えるゴミでほかしている。

森川●落下物を取り除く作業はそんなに嫌じゃないんだけど、紙はねぇ……。

中村●海外に住んでいたことがあって、メキシコの水洗トイレはすぐに詰まっちゃうから紙は流さないのがマナーでした。初めて塾にきて、「ここもだ」って思った。(笑)

　でも、その紙を片付けてくださっている方の存在まで頭がまわっていなかった。ごめんなさい!「使った紙はお持ち帰りください」などの一言が書いてあれば、捨てるのが当たり前ではないと気がつくかもしれないですね。私みたいな鈍感の人は、書いてあってようやく気がつく。(笑)

平塚●自分の使った紙を置いて帰るのはちょっと抵抗があるので、私は持って帰

るようにはしています。まあ、あまり使わないからできることですが……。

じつは簡易トイレも存在する

山田●私、普段はかぐや姫を使っているけど、おなかが痛いときは簡易トイレを使うわ。かぐや姫だと、後からきはる人のこと考えるし、水に流してしまいたいという意識も強いから。塾長は嫌がらはるやろうけど……。(笑)

平塚●エッ、簡易トイレがあるんですか。

中村●私も知らない、あるんですか。

西口●ロッカー横に、ボックスのトイレがあるんです。

平塚●いまも使用される人はいるんですか。

西口●いまはどうなんやろ。

吉川●使っているの、見たことないなぁ。

山田●私は緊急のときだけ。水の流れる量は限られているから、バケツいっぱいの水を用意しておいて、きれいにお掃除してから出る。

平塚●溜まったものはどこへ?

森川●ずっとストックされている。あれ、どうなっているんかな。

山田●そのままやもんね。

森川●お掃除のときは水、じゃんじゃん使うけど……。

平塚●すると、溜まる一方ですか?

森川●20年間分タンクに溜まっているんだと思う。

西口●こわッ。(笑)

中村●汲み取りにくるのではないんですか。

山田●そんなん、きはらへんわ。

吉川●それだけあまり使われなかったということだよね。今までに数えるほどしか使ってこなかったのだと思う。

平塚●長くいる方でも、使った経験はほんどないとのことですが、私はその存在すら知らされていなかった。(笑) 塾長のことだから、あえて教えてくださらなかったのでしょうね。

吉川●たぶん、そう。(笑)

中村●かぐや姫が苦手で、ほんとうに使えませんという人にはお知らせしているのでしょうね。

森川●私は、かぐや姫がどうしても使えないという外来の人には、簡易トイレにご案内するの。収穫祭のときかな。見学者がこられたときに、「簡易トイレとかぐや姫トイレがありますが、どちらをお使いになりますか」ってお聞きしてから簡易トイレにご案内したの。そうしたら、残留物が残っていて大変な状態だった。そのとき以来、簡易トイレをお掃除しなくっちゃ、って使命感を覚えてしまった。(笑)

西口●収穫祭が近づくと、森川さんがせっせせっせと、きれいにしてくれてはる。

山田●いつもありがとうございます。(笑)

森川●かぐや姫のせいで、畑にくるのを嫌に思われたら残念だからね。そして、「かぐや姫のほうが気持ちいいよ」って、必ずお伝えするんですよ、収穫祭の前にはお花を活けてね。

山田●お花が一輪挿してあるだけで、雰囲気がずいぶん変わるもんね。

主体的な行動も、
相互の伝達も欠かせない

吉川●このあいだ入ったら、大をした人が竹の葉をかぶせていなくって……。葉っ

ば、私がかけといたけどね。(笑)

西口●葉っぱがなかったのかな。新畑にあるかぐや姫は、入ったはいいが、葉っぱがないことが多い。あそこのかぐや姫は、使う人がめったにいないからね。どうしようかとあわてるが、しゃあないときは近くの草を刈ってかぶせておく。

森川●草と言えば、かぐや姫周辺の草は、ほっておくとすぐにボウボウになっちゃうんだよね。

吉川●とくに夏場ね。

西口●草ボウボウだから、夕立のあとなんかだと、たどり着くまでに服がビッチョビチョになってしまう。

吉川●なんべんも通って、イラっとしたら刈るけど。(笑)

森川●何度も刈っていると、ほかに誰も刈らないのかなと……。

吉川●だから、かぐや姫のお掃除を順番制にしたらって私が提案したら、塾長が「絶対それはしない」って。

森川●「そんなことするくらいだったら、自分がやります」って。義務でやるもんとちゃう、って感じで。

山田●いろいろなことを、陰で一所懸命にやってくれはる人がいるから、みんなが気持ちよく使えているわけやから。

中村●私、そういうことを知らなかった。堆積物の運び出しとか紙の処理とかは、伝授が必要ですね。

森川●それはそれは、ぜひともお願いします。(笑)「紙が溜まっていたら吉川さんが持ち帰ってくれる」みたいに、なんとなく長くいる人のお役目みたいになっている部分があるかなって思う。私、簡易トイレ

やかぐや姫のお掃除をしゃかりきになってしているけど、そういうのって、ほんとはいろんな人にきちんと伝えていかなきゃあいけない、って思う。

山田●誰かがお掃除してくれているっていうことに、なかなか頭がまわらないからね。森川さんや吉川さんの体験談を聞いたら、「なるほど、そうだったんか」って気づく。

中村●「竹の葉っぱは、ここに集めてください」という場所をパーゴラのそばかどこかに設けておいて、竹藪に行った人がついでに枯葉を集めてくることになればいいかも。

山田●竹の葉っぱがないから補充しておこうとか、そういうことをみんなが自然にできるようになったらいいよね。

避難所に「かぐや姫」応援隊を派遣しよう

中村●最近は、家庭での雨水利用や電気の自家発電、トイレも水洗に頼らないような生活に興味が湧いて、関連するサイトをよく見るようになりました。いつか自分の家に導入できないかなって……。こういう発想は、やはり土の塾にきて、「かぐや姫を経験したからかな」って思いますね。

西口●私ね、いろんな災害で避難した人が直面する危機にどう対応しているかっていうようなテレビ番組とかを見てきて、「もし自分がそうなったら」っていう不安をずっと感じてきたんです。けど、ここでかぐや姫を知ってからは、トイレ問題に関してはすごく楽になりましたね。

避難所では、簡易トイレをずらりと並べていても、すぐにいっぱいになる、そんな話をよく聞くでしょう。けど、「穴を掘りゃあいいんだ」って話。(笑) 最悪、スコップで穴さえ掘ったら、葉っぱくらいはそのへんから集めてこられる。囲いなんて、ブルーシートでもいいやん。そういうことを気にせんとできるってことが、経験的によく分かった。

　現実にそうなったときにできるかどうかはともかくですが、気持ち的にすごく楽になった。なんとでもなるって……。(笑)

吉川●森でそうしたね。穴を掘って、ブルーシートで囲った。

西口●そうそう、ちょっと陰になるところにね。

吉川●葉っぱは周りにいっぱい落ちているから。

森川●ヒョイとやればできてしまう。

中村●東日本大震災のとき、いざとなったら私は土の塾に行くから安心やって思っていた。(笑) トイレはあるしね。

吉川●私もそう思った。(笑)。畑にきたら、食べられる野草とか、なんなりと食べるもんもあるしね。(笑)

森川●私ね、かぐや姫の応援隊を作ったらって話をよくしていたの。地震とか津波とかでお手洗いが必要になった避難所に行って、土掘って竹などや囲いを作る。そうしたら私たち、お役に立てるかもねって。

吉川●笹の葉っぱをいっぱい拾って行かなあかんね。(笑)

進行・まとめ　平塚文子

2013.10.27

男子トイレももちろんあります

土の塾の理念を体現する「かぐや姫」

八田 逸三

かぐや姫は、「京都 土の塾」のお手洗いの呼称である。

今日、日本列島で用を足す人のほとんどは、水洗トイレを使っている。操作をすれば排泄物は瞬時に水流に流され、目の前から消え去る。自分の身から出たものなのに汚物扱いで、一刻もはやく自分の見えないところに押しやってしまおうとするのは、身勝手の極みではないだろうか。

糞尿は土に還せば、それでもって命をつなぐ生き物たちが待っている。そういう無数の生命たちに微塵の思いも馳せないのは、無知なのか薄情なのか。それでも文明人なのかと、私は憤りを禁じ得ない。

「自然との共生」を掲げるわが塾では、文明の利器（電気、化学肥料など）とされている多くのものを拒否しているが、その第一が「水洗トイレ」である。

はっきり言おう。糞尿を「水に流す」のは "悪" だ。

そこで、「かぐや姫」の出番である。

かぐや姫の仕様は極めてシンプルである。地面に穴を掘る。これが多様な生命の大食堂になる。目隠しの外壁および床材には、すべて竹材を使用する。竹材は消臭＋吸臭効果があるだけでなく清潔感がある。

用を足した後は、竹葉（落葉）をかける。竹葉の抗菌作用による消臭効果で、利用者は快適である。

糞尿は分解されて減量する。それでも満杯に近づくことがある。そのときがくれば堆積物を搬出するが、一部を除いて汚物感はない。施工時に十分な深さの穴を掘れば、その回数は減らせる。耐用年数は、適切な管理・補修をすれば20年以上の使用も可能である（実績）。

「京都 土の塾」の発足から20年間、塾生はかぐや姫を使用し続けているが、不平不満を耳にしたことはない。いつまでたっても慣れないという困った文明人の塾生も、皆無ではないようだが。

昨今、農園やキャンプ場など下水道が通っていない野外施設では、多額の費用をかけて水洗トイレを設置している。なんと無駄なことをしているのだろう。

そこで私の提案、「かぐや姫を災害時用トイレに‼」。いまや日本は災害列島といっても過言ではない。地球温暖化など気候変動の影響で災害リスクは高まる一方だ。インフラが被災して断水したとき、被災者が真っ先に直面するのがトイレ問題である。その解決策となり得るのが「かぐや姫」だ。

災害対策用の仮設住施設指定地に、かぐや姫の組立用資材を備蓄する。災害発生時には地面に穴を掘り、備蓄資材でかぐや姫を仮設するのである。

かぐや姫の利点は多い。
①水が不要
②衛生的で悪臭もない
③素人でも施工可能
④工期が短時間
⑤撤去も容易

かぐや姫の秘めた可能性を多くの人に知っていただきたいと強く思う。

元塾生のうれしい独り立ちの姿

八田逸三

　僻地の放棄田を拓いて「農保育」をやろうと決意した塾生。原野に戻りつつある田を苦闘、ほぼ地形の判るところまで回復させ、"保護者つき幼児" を募って農保育を始めた。

　みんなで畝をつくり、大豆を播いた。「味噌作り」挑戦の開始である。大豆の芽が出た。重い土を持ち上げる若芽、その姿・力は幼児の心にしっかりと。

　後日、大豆の芽は食い荒らされて半減。山鳩？ キジ？ 大きな落胆。その後も、鹿、猪と次々やられた。でも、秋にはみんなの大豆は、そこそこ収穫できた。初めての田植えの稲も、立派に実った。

　さあ味噌だ。味噌には、大豆、麹、塩がいる、塩は必須だ。塩は海だ。軽トラに大鍋、ドラム缶カマド、山で集めた柴・薪を満載し、伊勢の海浜へ。

　1泊2日のテント泊。母子総勢20名の浜仕事、海水を汲みひたすら煮詰める。10数時間の労働、でも、思いのほか荒塩がとれた。大歓声‼

　麹も自作米が原料。2月に味噌を仕込み、長い一年を待ちに待って翌年2月に味噌開き。アツアツの味噌汁、子供達も母親達も大感激‼　元塾生は、次世代に本当の食を学ばせ、本当の「生きる」を育んでいく。

　「京都 土の塾」では、荒塩までは作れなかった。けれども彼は、次の段階にまで進めている。人類の本当の立ち位置を識る若者を、彼は育て上げてくれるだろう。

　私はうれしい。

毎年「年越しの宴」も開いていた囲炉裏小屋

今の日本の最大の課題。
「活力」の復活と少子化の解消である。
原因第一　……「飽食」
原因第二　……「土」離れ
原因第三　……「効率」、「便利」、「楽」の追求

それが何を生んでいるか。
飽食　…………　生命持続危機感の欠如、生殖本能の減退
土離れ　………　他生命からの孤立
便利・楽　……　人間力総体の減退
それに、
「切磋琢磨」感の欠如　……　他人任せ、自立精神の弱体化
「人類一人勝ち」の妄想…「人類の地球」、「共生世界」の黙殺

「京都 土の塾」のあゆみ

収穫祭の準備

塾生のお父さんから草鞋づくりを習う

初代の囲炉裏小屋

第三代囲炉裏小屋

2000年	「大豆を作って豆腐を食おう会」として「京都土の塾」の活動を開始〈6月〉 「蕎麦プロジェクト」スタート
2001年	市民グループ「京都土の塾」企画運営登録〈2月〉 「荒廃田人力開墾プロジェクト」開始
2002年	農場拡大
2003年	「豆腐作りの会」を開催、豆腐作りを実習 「第1回 土の塾尺八コンサート」開催
2004年	石窯完成 「NPO法人京都土の塾」が発足〈12月〉 御陵の荒廃筍畑の整備を開始
2005年	「NPO法人発足記念の会」を開催〈3月〉 山田の放置竹林の整備を開始 「七夕祭り・第2回土の塾尺八コンサート」開催〈7月〉
2006年	NPO法人「大文字保存会」との共同作業として「五山の送り火」点火に必需の 麦藁を提供する「小麦プロジェクト」をスタートさせる
2007年	「大文字送り火」にボランティアとして参加〈8月〉 「野生の森」プロジェクトがスタート
2008年	京都市と管理協定を締結。市有林12ヘクタールの管理と森づくり活動を開始 新畑での活動を開始
2009年	「森づくりの部」開始
2010年	新畑を茶畑にする「お茶プロジェクト」スタート 第二世代「囲炉裏小屋」棟上げ 国有林整備事業に参加
2011年	「第1回 山桜を見る会」開催（以後は毎年続ける）〈4月〉
2012年	水田上の土手崩れの補修作業を行う 森の舞台作り、開始
2013年	塾生の尾崎史朗さんとたか子さん、土の塾広場で結婚式を挙げる〈11月〉 「第1回 響きあういのち」野生の森コンサート開催〈12月〉
2015年	野生の森 新小屋工事開始 茶畑で新茶を摘み野点を実施〈5月〉 「第2回 響きあういのち」野生の森コンサート開催〈10月〉
2017年	猟師の千松信也さんの講演会を土の塾の広場で開催
2018年	野生の森　京都市の「京の三山整備事業」に参画 魚あら落ち葉堆肥場完成
2019年	広場に収穫物収納庫兼自転車置き場「三十三間堂」完成
2020年	「野生の森」で山桜の植樹開始 第三代囲炉裏小屋作る〈12月〉

あなたも「京都土の塾」に参加しませんか

　機械や化学肥料・農薬という便利で効率のよい手段を使わないで、「素手」で自分たちの生きる糧となる食べ物を作ることが活動の基本です。塾生一人ひとりが、自分の選んだプロジェクトの作物を作るかたわら、全員参加の共同作業では、草刈りや土手の保全などの環境整備も行います。

　さらに創作意欲の命ずる必要物を尊重しつつ、作業小屋・収納小屋やパン焼き窯なども作ります。味噌やこんにゃく作り、蕎麦打ちなども、研鑽を重ねながら楽しんでいます。

　「京都土の塾」の活動に参加していただくには、「京都土の塾」の精神に共鳴し、自発的な実践ができることが前提です。これらをご理解いただいたうえで、お申し込み、もしくはお問い合わせください。

「京都 土の塾」のプロジェクト　　＊2021年1月現在

プロジェクト	時期	内容
たけのこ	（通年）	各自担当の区画で豊かな土を作り、朝掘り筍を収穫しよう
果樹	（通年）	好みの果樹を育てます
みつばち	（通年）	採蜜用レンゲ、菜の花、ソバなどの花も育てます
お茶	（通年）	緑茶、紅茶、烏龍茶、仕上げは釜炒り茶
野生の森	（通年）	次世代の人に野生を育くもう
トマト	（3月上旬）	ミディートマト2種類を育てます
ジャガイモ	（3月）	晩霜対策では朝焼けの美しさにも遭遇できます
こんにゃく	（4月中旬）	塾製の灰汁を作って、絶品のこんにゃく作り
サトイモ	（4月中旬）	魚あら落ち葉堆肥で育てる自慢の傑出作物・里芋作り
夏野菜	（4月下旬）	デカ胡瓜・茄子の収穫時には大きなリュックが必要
生姜	（4月下旬）	自慢のレシピがいっぱい！もっと作りたい！
さつまいも	（5月下旬）	蔓のおいしさも味わおう！
大豆	（6月中旬）	夏は枝豆！無農薬大豆で味噌作りにも挑戦します
胡麻	（7月上旬）	味良し、香り良し、虫退治！良し？
蕎麦	（8月上旬）	世にさきがけ蕎麦菜の美味・滋養を発見
冬野菜	（8月下旬）	九条葱、大根、金時人参…冬野菜のパワーで風邪知らず
玉ねぎ	（9月中旬）	うまくいけば一年分の玉ねぎがまかなえる！
にんにく	（10月上旬）	どれだけ採れても 人には絶対あげたくない
小麦	（11月上旬）	我らが麦わらで「五山の送り火」を点火
米 うるち・もち	（1月）	ご飯とお餅・・・農耕民族の熱き血潮を呼びさませ

小麦を作って大文字を灯そう会	小麦藁を「五山の送り火」に提供することを目的としたプロジェクトです	
茶プロジェクト〈深遊の部〉	年12回満月の日に集まり、お茶とともにある時間を楽しみます	

＊（　）は活動開始時期。新たなプロジェクトが加わることもあります。

「土の塾」の活動の詳細は
ホームページをご覧ください
http://kyoto-tuti.org/

参加申込のご連絡・お問合せ
京都土の塾 代表　八田逸三
電話・Fax　075（391）5325

小塩山のふもと、大原野の起伏に富んだ
約3ヘクタールの圃場で、春夏秋冬、
さまざまな農作物や果樹を育てています

京都市西京区大原野の石作地区に拡がる「京都土の塾の圃場」。
もとは放置農林地だった場所を、
コツコツと開墾・整備して、田畑として蘇らせました。
2020年には20種類以上の作物を収穫しました。
連作障害を防ぐために、作付する畑は毎年変えています。

京都土の塾の圃場
2020年度の作付

大豆（6〜11月）
小豆
茶
小麦（11月〜）
かぐや姫（トイレ）
堆肥小屋
生姜
冬野菜
冬野菜
こんにゃく
タカノツメ（夏）
水田（米）
夏野菜
トマト
果樹園
胡麻
広場
蕎麦
かぐや姫（トイレ）
タケノコ
サトイモ
玉ねぎ
ニンニク
ジャガイモ
ネギ苗
玉ねぎ苗
さつまいも
N
50m

◀「京都土の塾」の広場

圃場の中央にある広場は、塾生たちの休憩と集合場所。畑に来たらまず立ち寄り、作業着に着替え、道具を携えて圃場に向かう。昼食や休憩もこの場所にもどって過ごす。収穫祭などのイベント会場でもある。

❶ミーティング会場……昼食や休憩にも使用
❷水場……農道具や野菜の洗浄
❸休憩コーナー
❹囲炉裏小屋……焚き火を囲む

❺道具小屋……個人所有の鋤、スコップ置場
❻食糧庫
❼個人ロッカー
❽共用資材置場
❾更衣室
❿アミ小屋……収穫物の一時保管場所
⓫作業小屋……足踏脱穀機や唐箕などの作業
⓬石窯……石窯の大屋根は通称「三十三間堂」

155

あとがきにかえて

玉井 敏夫

玉井敏夫（左）と八田逸三（右）

　コロナ禍の第一波拡大期のさなかのNPO京都土の塾の理事長・副理事長会議は、会議室も使えず、御陵の竹林での夜の会議となりました。この会議で、「京都土の塾20周年事業」の一環として文集を発行することが検討され、私が担当することになりました。編集委員会には、森川恵子さんにも加わっていただくことにもなりました。

　文集のタイトルは仮題を「それぞれの土の塾」とし、「20年の間に通り過ぎた元塾生、まだ居続ける塾生たちの『塾での時間』のそれぞれの記憶と意義についての原稿を募る」ことにしました。土の塾のスタート時には、参加するにあたっての思いなどを「土のこ通信」に掲載していましたが、やがて途絶えていました。これ以降、塾生のみなさんそれぞれの思いや感想を記した文章を目にすることはありませんでした。

　「どれだけの原稿が集まるかな」、「読んでもらえる原稿になるかな」などの不安のなかで原稿募集を開始しました。募集の文面を新聞形式で広報したり、何人かには早期に寄稿していただき、それを例としてPRするなどして雰囲気を盛り上げたりもしました。しかし、不安は杞憂に終わり、みなさんからたくさんの、すばらしい原稿が寄せられました。

　メッセージや示唆に富んだ指摘もあれば、土の塾での経験がこれほど大きな学びになっていたのかと驚かされる内容ばかりでした。生きた経験を通じてつづられた言葉は、表現技術を超える深い響きのあるものばかりです。塾長が思いをこめて立ち上げ、念じてきた何かが、みなさんそれぞれの人生のなかで芽を出し、りっぱに成長していることを確認させるものです。この本のタイトルも、そういうみなさんの想いと喜びを反映させるのものにしました。

　しかし、文章だけでは伝わりにくい雰囲気や実態もあるとの指摘もありました。そこで、10周年を記念して制作した写真集『土の塾』で集めた写真なども使うことにしました。文書のイメージにあう写真を探しだす苦労はありましたが、撮りためた写真がみなさんの記憶を蘇らせる機会になるとの思いから時間をかけて選定し、出版にこぎつけました。

　前作との一貫性をもたせ、この本が書店でも購入できるようにしていただいた京都通信社 社長の井田典子さんにお礼を申しあげます。井田さんには、土の塾が活動開始した2000年の秋に京都市の広報誌『京のみどり』で私たちの活動を取材・紹介いただきました。私たちとともに開墾に汗を流していただいたご縁もあります。そういう人ならではの愛情こもった本づくりであったと感謝します。

2021年1月 吉日

土と光の讃歌　耕す汗こそ美しい

2021年5月1日　　NPO法人 京都土の塾 編

発行所	京都通信社 京都市中京区室町通御池上る 御池之町309 〒604-0022 電話 075-211-2340 http://www.kyoto-info.com/
発行人	井田典子

装丁　納富 進
印刷　株式会社谷印刷所
製本　大竹口紙工株式会社